식물독성학

임경수 · 김원학 · 손창환 지음

군자출판사

식물독성학

첫째판 1쇄 인쇄 | 2010년 4월 20일
첫째판 1쇄 발행 | 2010년 4월 30일

지 은 이 임경수
발 행 인 장주연
표지디자인 이지선
발 행 처 군자출판사
등 록 제 4-139호(1991. 6. 24)
본 사 (110-717) 서울특별시 종로구 인의동 112-1 동원회관 BD 6층
Tel. (02) 762-9194/5 Fax. (02) 764-0209
대 구 지 점 Tel. (053) 428-2748 Fax. (053) 428-2749
광 주 지 점 Tel. (062) 228-0252 Fax. (062) 228-0251
부 산 지 점 Tel. (051) 893-8989 Fax. (051) 893-8986

www.koonja.co.kr

* 파본은 교환하여 드립니다.
검인은 저자와의 합의로 생략합니다.

ISBN 978-89-6278-274-5

정가 40,000원

저자소개

임경수

1981년에 연세대학교 의과대학을 졸업하고, 1986년에 외과 전문의 자격을 취득하였으며, 1996년도에는 응급의학과 전문의 자격도 취득하였다. 1989년, 연세대학교 원주의과대학에 응급의학과를 신설하여 응급실장 및 주임교수로 재직하다가, 1996년 9월에 서울아산병원으로 근무지를 옮겨서 다시 응급의학과를 개설하였다. 이후부터 2007년 2월까지 서울아산병원 응급실장 및 주임교수로 재직하다가, 현재는 응급의학과 교수 및 대외협력실장, 양현재단 이사로 활동하고 있다. 응급의료에 재직하는 20년 동안, 대한응급의학회 이사장, 대한외상학회 회장, 대한재난응급의료협회 이사장, 아시아태평양 재난응급의학회 회장 등을 역임하면서, 현재까지 응급의료와 관련된 전문서적 16권을 집필하였고, 의학논문 140여 편을 발표하였다.

김원학

1994년 건국대학교 이과대학 생물학과(현 생명과학과)를 졸업한 후 환경전문신문을 거쳐 1997년 일간보사 신문사로 옮겨 환경 및 의학 전문기자로 활동하고 있다. 사단법인 한국자연환경보전협회 이사와 서울환경연합 하천위원, 강남서초환경연합 집행위원을 맡고 있다. 시민단체 '생명회의' 에서 '미래세대를 위한 갯벌 야생화 관찰 및 교육자료 제작' 프로그램을 진행하였다. 휴일이면 카메라 하나 들고 식물을 찾아 전국 방방곡곡을 돌아다니고 있으며, 인터넷 홈페이지(www.botany.kr)에서 식물과 여행, 사진에 대한 정보를 공유하고 있다.

손창환

1997년에 경북대학교 공과대학 금속공학과(현 신소재공학부)를 졸업하고, 다시 경북대학교 의과대학에 입학하여 2003년에 졸업하였다. 서울아산병원에서 응급의학을 전공하여 2008년도에 전문의 자격을 취득하고, 2009년에 의과대학원 석사학위를 취득하였으며, 서울아산병원 응급의료센터의 응급중환자실 전임의를 거쳐 현재 중독 전담 임상전임강사로 재직하고 있다. 저서로는, 2008년도에 간행된 '심폐소생술 따라하기' 가 있다.

인사말

서울아산병원 응급의료센터가 2003년에 보건복지가족부로부터 독극물전문 응급의료센터로 지정받은 이후에 각종 독극물에 대한 정보를 수집하여 정리하기 시작하였으며, 이제 마지막 분야였던 독성식물(독초)에 대한 자료를 제공하게 되었습니다. 그 동안 주말마다 아무 불평 없이 산행에 동참해준 가족에게 깊은 감사와 사랑을 표하며, 식물에 대한 전문지식이 전혀 없었던 저에게 많은 도움을 준 김원학 기자에게 다시 감사를 드립니다. 또한 촬영에 전념 할 수 있도록 배려해 주신 김원 응급실장과 서울아산병원 응급의료진들에게 깊은 감사를 드립니다.

지난 1년간 독초를 정리하면서 다음과 같은 즐거움을 얻었기에 행복했습니다.

첫째, 산행의 새로운 즐거움을 느끼게 되면서 더욱 건강한 심신을 얻게 되었습니다.

둘째, 독초 사진들을 직접 찍으면서 사진촬영에 대한 전문지식과 흥미를 얻었습니다.

셋째, 이전에는 느끼지 못하였던 식물세계의 경이로움과 아름다움에 흠뻑 빠졌습니다.

좁은 진료실에서 근무하시는 여러 의료진들도 1달에 한번 정도는 자연 속에서 예쁜 꽃들을 즐기시면서 육체적 건강과 정신적 여유를 함께 누리십시오.

2010년 4월 대표저자 임 경 수

2009년 4월 중미산에서
얐은 부채를 배경으로
막내(키 145 cm) 촬영

목차

I장
총론

용어의 정의

내용을 기술하기 이전에 이해를 돕기 위하여 다음과 같이 용어를 정의해 드립니다.

- **독성식물** : 독이 있는 풀이나 나무
- **독초** : 독이 있는 풀
- **본초** : 한방에서 쓰는 약초를 일반적으로 본초라고 한다.
- **생약** : 약용식물을 비롯하여 천연물에서 채취한 것으로, 사용하는 부위나 원형을 그대로 또는 세척, 건조, 절단 등으로 가공하여 정제한 것를 지칭한다.
- **전초**(全草) : 풀의 잎, 줄기, 뿌리 등을 총칭하는 용어이다.
- **한약** : 한의학계에서는 생약을 한약이라고 명명한다.

1. 식용식물, 약용식물, 독성식물

우리는 흔히 식물을 식용식물, 약용식물, 독성식물로 분류하기도 하지만, 독성식물이라도 식용이 가능하며 약용으로도 사용할 수 있기 때문에 명확한 분류는 불가능한 실정이다. 예를 들면, 우리가 식용하는 고사리의 경우, 한방에서는 '궐기채' 라는 생약명으로 이용하고 일반적인 반찬으로도 식용하지만, 고사리에는 독성이 있기 때문에 물에 충분히 우려내서 독성분을 제거하지 않고 조리를 하면 중독증상(복통, 구토 등)이 발생할 수도 있다. 2009년 3월 16일에 경기도 분당에 위치한 대형 쇼핑몰 직원 700여 명이 집단으로 중독된 사례가 있었는데, 원추리 나물을 먹은 후 이중 80여 명은 1시간 이내에 구토, 구역질, 설사, 어지럼증이 발생하여 병원에서 치료를 받았다. 원추리는 식용식물이지만, 충분히 삶지 않고 나물로 조리하였기에 독성분이 중독을 유발하기 때문이었다.

특히, 국내에서는 각종 독성식물을 한의학에서 한약이나 생약으로 이용하는 사례가 많은데, 중국에서는 치명적인 독초로 알려져서 생약으로도 사용하지 않는 경우가 가끔 있다. 그러므로 식용식물, 약용식물, 독성식물로 분류하는 것은 매우 어려우며, 개개의 식물들이 식용만 가능한지 혹은 식용과 약용이 가능한지를 인지하는 것이 현명한 방법일 것으로 사료된다. 저자들은 식물과 관련된 국내의 전문서적에서 독성식물로 분류된 식물종들을 중점적으로 다루었으며, 다만, 최근에 국내 의료계에서 간독성(간의 기능부전)을 유발하는 식물로 보고된 인진쑥과 하수오 등을 독초 가능 식물로 추가하였다. 향후에 국내에서도 독극물정보센터(poison information center)가 활성화되면 각종 중독환자정보가 TESS(toxic exposure surveillance system)에 의하여 실시간으로 수집되므로 독초에 대한 내용도 많이 변할 수 있을 것으로 추정된다.

독성식물에 대하여 기술하고 있는 외국의 전문서적들도 다수 있지만, 외국에서 자라는 식물과 국내에서 자라는 식물종이 대부분 다르고, 외국서적들도 일부 맹독성 독초에 대하여 중점적으로 기술하고 있어서, 모든 독성식물들의 주요 독성분에 대한 자료를 충분히 제시하지 못하였다. 앞으로 특정 독성분에 대한 연구가 동반된다면 더욱 정확한 자료를 제시할 수 있을 것이다.

1) 국내의 독성식물 현황

과거에는 국내에서 자생하고 있는 독성식물의 수가 약 80~100여 종으로 보고되고 있었으나, 최근에는 외래종이 많이 들어와서 정확한 수를 산출하기 어려운 실정이다. 또한, 독성식물과 약초의 구분이 모호하기 때문에 독성식물에 대한 정의에 따라서 개체수의 변동 폭이 매우 클 수도 있다. 국내의 전문서적이나 관련 논문에 의하면 국내에는 현재 80개 과에 312종의 독성식물이 분포한다고 보고되고 있으며, 유사종을 포함한다면 700~800여종에 이를 것으로 추정된다(표 1). 특히, 식용식물이었던 인진쑥과 하수오가 최근 간부전증을 유발한 사례가 보고되었기에 저자들은 쑥(사철쑥), 더위지기와 하수오를 독초의 가능성이 있는 식물로 분류하였다.

표 1. 독성 식물의 분류 및 종의 수

과 명 (수)	식 물 명
가래나무과 (3)	굴피나무, 중국굴피나무, 왕가래나무
가지과 (9)	고추, 까마중, 꽈리, 담배, 독말풀, 미치광이풀, 배풍등, 사리풀, 흰독말풀, 천사의나팔
갈매나무과 (3)	갈매나무, 돌갈매나무, 헛개나무
개비자나무과 (1)	개비자나무
겨우살이과 (1)	겨우살이
고란초과	
국화과 (24)	긴담배풀, 다알리아, 담배풀, 도꼬마리, 돼지풀, (더위지기), 등골나물, 머위, 목향, 물쑥, 미역취, 서양민들레, 서양톱풀, (쑥), 쑥방망이, 여우오줌, 제주진득찰, 진득찰, 치커리, 울릉미역취, 털머위, 털진득찰, 톱풀, 황해쑥
꼬리사리과 (1)	고사리
꿀풀과 (5)	곽향, 박하, 속단, 쉽싸리, 황금
꼭두선이과 (1)	꼭두서니
난초과 (3)	복주머니란, 으름난초 , 광릉요강꽃
남가새과 (1)	남가새
노루발과 (3)	구상난풀, 나도수정초, 수정난풀
노린재나무과 (3)	노린재나무, 검노린재나무, 섬노린재나무
노박덩굴과 (2)	미역줄나무, 참빗살나무
녹나무과 (2)	사사프라스, 녹나무

표 1. 독성 식물의 분류 및 종의 수(계속)

분 류 (수)	식 물 명
능소화과 (1)	능소화
다래나무과 (1)	개다래
대극과 (16)	개감수, 광대싸리, 굴거리나무, 노랑대극, 대극, 두메대극, 등대풀, 산쪽풀, 속수, 암대극, 애기땅빈대, 유동, 조구나무, 풍도대극, 피마자, 흰대극
돌나물과 (1)	바위솔
두릅나무과 (3)	가시오갈피, 송악, 아이비, 팔손이
때죽나무과 (1)	때죽나무
마디풀과 (7)	개대황, 대황, 묵밭소리쟁이, 소리쟁이, 참소리쟁이, (하수오), 호대황
마타리과 (1)	쥐오줌풀
마편초과 (2)	누리장나무, 마편초
마황과 (1)	초마황
매자나무과 (1)	남천
멀구슬나무과 (1)	멀구슬나무
메꽃과 (2)	갯메꽃, 나팔꽃
면마과 (3)	관중, 고란초과
명아주 (2)	명아주, 취명아주
물레나물과 (1)	고추나물
미나리아재비과 (41)	가는줄돌쩌귀, 가는잎할미꽃, 각시투구꽃, 개구리갓, 개구리미나리, 개구리발톱, 개구리자리, 개버무리, 개승마, 금매화, 꿩의다리, 꿩의바람꽃, 노랑투구꽃, 놋젓가락나물, 대상화, 동의나물, 매발톱, 모데미풀, 미나리아재비, 백부자, 복수초, 사위질빵, 하늘매발톱, 선투구꽃, 애기동의나물, 오두(부자), 왜젓가락나물, 이삭바꽃, 젓가락나물, 좀꿩의다리, 진범, 참으아리, 참제비고깔, 참줄바꽃, 큰제비고깔, 털개구리미나리, 투구꽃, 할미꽃, 홀아비바람꽃, 회리바람꽃, 흰진범
박주가리과 (2)	박주가리, 왜박주가리
박쥐나무과 (1)	박쥐나무
방기과 (4)	댕댕이덩굴, 방기, 새모래덩굴, 함박이
백합과 (16)	만년청, 박새, 산자고, 삿갓나물, 애기나리, 여로, 연영초, 원추리, 윤판나물, 은방울꽃, 참여로, 큰연영초, 튜립, 파란여로, 흰여로, 히아신스
범의귀과 (2)	수국, 산수국
벼과 (2)	갈풀, 독보리
봉선화과 (2)	물봉선, 봉선화
분꽃과 (1)	분꽃
붓꽃과 (3)	범부채, 붓꽃, 사프란
붓순나무과 (1)	붓순나무
삼과 (1)	삼
산형과 (8)	개발나물, 고수, 기름당귀(개당귀), 나도독미나리, 독미나리, 지리강활(개구릿대), 회향, 당근
석류나무과 (1)	석류나무
석송과 (1)	뱀톱
소철과 (1)	소철
소태나무과 (1)	소태나무
속새과 (1)	속새
수선화과 (6)	문주란, 백양꽃, 석산, 상사화, 수선화, 흰꽃나도사프란
시계꽃과 (1)	시계꽃
십자화과 (2)	냉이, 겨자무
쐐기풀과 (5)	가는잎쐐기풀, 개물통이, 쐐기풀, 애기쐐기풀, 혹쐐기풀
아욱과 (1)	목화
양귀비과 (6)	개양귀비, 매미꽃, 애기똥풀, 양귀비, 피나물, 흰양귀비

표 1. 독성 식물의 분류 및 종의 수(계속)

분류(수)	식물명
앵초과 (1)	시클라멘
옻나무과 (6)	개옻나무, 검양옻나무, 덩굴옻나무, 붉나무, 산검양옻나무, 옻나무
용담과 (1)	용담
운향과 (3)	귤, 머귀나무, 백선
은행나무과 (1)	은행나무
인동과 (1)	인동덩굴
자리공과 (3)	자리공, 미국자리공, 섬자리공
장미과 (6)	매실나무, 뱀딸기, 복사나무, 살구나무, 서울귀룽나무, 찔레나무
조름나물과 (1)	조름나물
주목과 (1)	주목
쥐방울덩굴과 (4)	개족도리풀, 등칡, 만주족도리풀, 쥐방울덩굴
지치과 (2)	꽃받이, 컴프리
진달래과 (6)	노랑만병초, 만병초, 백산차, 월귤, 좁은백산차, 철쭉
차나무과 (1)	차나무
천남성과 (12)	대반하, 두루미천남성, 둥근잎천남성, 무늬천남성, 반하, 앉은부채, 애기앉은부채, 점박이천남성, 창포, 천남성, 큰천남성, 토란
초롱꽃과 (2)	도라지, 숫잔대
칠엽수과 (1)	칠엽수
콩과 (11)	고삼, 등, 미모사, 스위트피, 실거리나무, 양골담초, 자주개자리, 조각자나무, 주엽나무, 해녀콩, 활나물
택사과 (1)	질경이택사
파리풀과 (1)	파리풀
팥꽃나무과 (6)	두메닥나무, 서향, 삼지닥나무, 산닥나무, 팥꽃나무, 피뿌리풀
현삼과 (4)	냉초, 디기탈리스, 성주풀, 현삼
현호색과 (13)	갯괴불주머니, 괴불주머니, 금낭화, 눈괴불주머니, 들현호색, 산괴불주머니, 염주괴불주머니, 왜현호색, 자주괴불주머니, 현호색
협죽도과 (4)	마삭줄, 일일초, 정향풀, 협죽도
홀아비꽃대과 (1)	홀아비꽃대

인용서적 및 문헌

1) 배기환, 박완희, 정경수, 안병태, 이준성. 한국의 독버섯 · 독식물. 교학사. 1997

2) 강신정, 배기환, 심영훈 외. 알기 쉬운 독초와 독버섯. 식품의약품안전청/농촌진흥청. 2007

3) 도봉섭, 심학진. 조선식물도설 유독식물편. 금룡도서주식회사. 1947

4) 배기환. 생약(한약)안전관리연구 '알기쉬운 독초 · 독버섯' 자료연구 연구결과보고서. 식품의약품안전청. 2006

5) 中井將善. 氣つけよう! 毒草100種. 金園社. 2002

6) 독초대백과(일본)

7) 조응자, 한덕룡. 세계의 약용식물. 도서출판 신일북스. 2007

8) 동아원색 세계대백과사전

9) 송형익, 채기수, 김영만, 손규목, 이웅수. 현대식품위생학. 지구문화사. 2000

10) 이영득. 주머니속 나물도감. 도서출판 황소걸음. 2009

11) 장종순 외. 백선 복용 후 발생한 독성 간손상 4예. 대한간학회지 2008:14(2): 206-212

12) 안병민. 식물 제제에 의한 간 손상. 대한소화기학회지 2004:44:113-125

13) 장인수 외. 최근 독성 문제가 제기된 한약재에 대한 고찰. 대한한의학회지 2007;28(1):01-10
14) 손창환 외. 식물 제제와 연관된 급성 독성 간염으로 인한 간이식. 대한임상독성학회지 2008:6(2):110-116

2) 약용 혹은 식용이 가능한 독성식물 (단, 식용의 경우 조리과정에 유의)

대부분의 독성식물은 한약재로 이용되고 있으며, 독성식물의 절반 이상은 식용도 가능한 것으로 보고되고 있다. 그러나 독성식물을 식용으로 섭취하는 경우에는 식용이 가능한 부위를 정확히 인지하고 조리법도 확실해야만 안전하다. 예를 들면, 우리가 흔히 먹는 고사리나 원추리의 경우에도 물에 충분히 우려내거나 끓는 물에 데치지 않으면 식중독과 유사한 중독증상(구역질, 구토, 복통 등)을 유발하므로 주의해야 한다. 그러므로 일반인들이 독성식물로 분류된 식물들을 가정에서 직접 식용으로 조리하는 것은 바람직하지 않을 것이다.

표 2. 식용과 약용이 가능한 독성식물들

독초명	식물분류(과)	식용부위	생약명(민간약초명)
좁은잎백산차	진달래과	어린 잎	백산차
가시오갈피	두릅나무과		오가피, 자오가, 자오갈피
갈매나무	갈매나무과	-	서리자, 서리근, 서리피
개감수	대극과	-	감수
개구리미나리	미나리아재비과	어린 순	석룡예, 석룡예자
개구리발톱	미나리아재비과	-	천규자
개구릿대	산형과	-	전호, 지리강활
개다래	다래나무과	열매	목천려, 목천려근
개대황	마디풀과	어린 잎	대황
개발나물	산형과	연한 잎	고본, 산고본
개버무리	미나리아재비과	어린 잎	투골초
개복수초	미나리아재비과	연한 잎	복수초, 측금잔화
개비자나무	개비자나무과	열매	조비, 토향비
개승마	미나리아재비과	어린 순	승마
개양귀비	양귀비과	-	여춘화, 우미인초
개옻나무	옻나무과	-	건칠, 생칠, 칠사, 칠수
갯메꽃	메꽃과	뿌리, 어린 순	전초근 , 전초경
겨우살이	겨우살이과	-	상기생, 상곡기생
고사리	꼬리고사리과	어린 순	궐근, 궐기근, 궐채
고삼	콩과	연한 잎	고삼
고수	산형과	-	호유자
고추	가지과	열매	번초
고추나물	물레나물과	연한 잎	소련교, 소연교, 전기황
관중	면마과	-	관중, 면마근
광대싸리	대극과	어린 순	일엽추, 엽하주, 화소초
괴불주머니	현호색과	연한 잎	국화황련, 황근
굴피나무	가래나무과	-	화향수과
귀룽나무	장미과	어린 잎, 열매	귀롱목, 귀룽목
귤	운향과	열매	진피, 청피
금낭화	현호색과	어린 잎	금낭근, 하포모단근
금매화	미나리아재비과	-	금매화
긴담배풀	국화과	어린 순	도개국, 야연
까마중	가지과	연한 잎, 열매	용규

표 2. 식용과 약용이 가능한 독성식물들(계속)

독초명	식물분류(과)	식용부위	생약명(민간약초명)
꼭두서니	꼭두선이과	어린 잎	천근, 천초
꽃받이	지치과	연한 잎	부지채
꽈리	가지과	열매	등려근, 산장
꿩의다리	미나리아재비과	연한 잎	고원초, 당송초
꿩의바람꽃	미나리아재비과	-	죽절향부
나팔꽃	메꽃과	-	견우자, 백축, 흑축
남천	매자나무과	-	남천실, 남천자
냉초	현삼과	연한 잎	산편초, 참룡검
노랑만병초	진달래과	연한 잎	석남엽
노랑투구꽃	미나리아재비과	-	초오, 초오두
노루귀	미나리아재비과	연한 잎	장이세신
노린재나무	노린재나무과	-	화산반(과), 화산반근
놋젓가락나물	미나리아재비과	-	초오
누리장나무	마편초과	어린 잎	취오동, 해동, 해주당산
눈괴불주머니	현호색과	연한 잎	황근, 국화향련
능소화	능소화과	-	능소화
담배	가지과	-	연초
담배풀	국화과	어린 잎	천명정
대극	대극과	-	공거, 대극, 택경
대반하	천남성과	연한 잎	반하
대황	마디풀과	연한 잎, 줄기	대황, 대황경
댕댕이덩굴	방기과	어린 잎	목방기, 방기
더위지기	국화과	-	인진호
도꼬마리	국화과	연한 잎	시이실, 저이, 창이자
도라지	초롱꽃과	잎, 꽃잎, 뿌리	길경
독말풀	가지과	-	만타라자, 산가화, 양금화
독미나리	산형과	-	독근, 독근채화
동의나물	미나리아재비과	(어린 잎)	마제초, 수호려, 여제초
두루미천남성	천남성과	-	천남성
등	콩과	어린 순	등
등골나물	국화과	어린 잎과 꽃	산택란, 칭간초
등대풀	대극과	연한 줄기와 잎	오풍초, 양산초, 택칠
등칡	쥐방울덩굴과	-	관목통, 통초
디기탈리스	현삼과	-	양지황, 양지황엽
때죽나무	때죽나무과	-	매마등
마삭줄	협죽도과	-	낙석등
마편초	마편초과	-	마편초
만년청	백합과	-	만년청
만병초	진달래과	연한 잎	석남엽
매미꽃	양귀비과	연한 잎	하청화근
매발톱	미나리아재비과	-	누두채
매실나무	장미과	열매	금매, 백매, 오매
멀구슬나무	멀구슬나무과	-	고련피, 금영자
명아주	명아주과	어린 잎	여, 여엽, 지연채, 회려
문주란	수선화과	줄기	문주란
물봉선	봉선화과	연한 잎	봉선, 대두황권
물쑥	국화과	뿌리, 줄기	금기노, 유기노

표 2. 식용과 약용이 가능한 독성식물들(계속)

독초명	식물분류(과)	식용부위	생약명(민간약초명)
미국자리공	자리공과	-	상륙
미나리아재비	미나리아재비과	연한 잎	모간, 모랑
미모사	콩과	-	함수초
미역줄나무	노박덩굴과	-	뇌공등, 단장초, 황등, 황약
미역취	국화과	연한 잎과 줄기	일비황화, 토택란
미치광이풀	가지과	-	낭탕근, 동랑탕
바위솔	돌나물과	연한 잎	와송
박새	백합과	-	여로
박주가리	박주가리과	연한 순과 줄기	나마자, 라마자, 천장각
박쥐나무	박쥐나무과	-	팔각풍
박하	꿀풀과	연한 잎	박하
반하	천남성과	연한 잎	반하
배풍등	가지과	어린 순	배풍, 백초, 백영, 촉양천
백부자	미나리아재비과	-	관백부, 백부자, 부자
백산차	진달래과	어린 잎	백산차
백선	운향과	-	목근심, 백선피
뱀딸기	장미과	연한 잎과 줄기	사매, 야장매, 지매
뱀톱	석송과	-	천충탑
범부채	붓꽃과	어린 싹	사간, 오선, 야간, 황원
복사나무	장미과	열매	도인, 도핵인
복수초	미나리아재비과	연한 잎	복수초, 측금잔화
복주머니란	난초과	-	오공칠
봉선화	봉선화과	-	급성자, 봉선
붉나무	옻나무과	어린잎, 줄기 껍질	염부수백피, 염부엽, 염부자
분꽃	분꽃과	-	자말리자, 자말리근
붓꽃	붓꽃과	-	마린자
붓순나무	붓순나무과	-	동독회, 분초실
사리풀	가지과	-	낭탕자, 천선자, 행당
사위질빵	미나리아재비과	연한 잎, 꽃잎	여위
산괴불주머니	현호색과	연한 잎	황근, 국화향련
산닥나무	팥꽃나무과	-	요가왕, 료가왕
산수국	범의귀과	-	팔선화
산자고	백합과	-	산자고
살구나무	장미과	열매	행인
삼	삼과	-	대마인, 대마초
삼지닥나무	팥꽃나무과	-	구피마, 몽화
삿갓나물	백합과	-	조휴
상사화	수선화과	줄기, 뿌리	석산, 철색전
새모래덩굴	방기과	-	만주방기, 편복갈
서양민들레	국화과	꽃	포공영
서향	팥꽃나무과	-	서향
석류나무	석류과	열매	석류피
석산	수선화과	알뿌리, 꽃줄기	석산
섬노린재나무	노린재나무과	-	화산반, 화산반근
소리쟁이	마디풀과	연한 잎, 줄기	양제, 양제근, 우이대황
소철	소철과	줄기	무루자
소태나무	소태나무과	-	고목

표 2. 식용과 약용이 가능한 독성식물들(계속)

독초명	식물분류(과)	식용부위	생약명(민간약초명)
속단	꿀풀과	어린 잎	아소자, 토속단
속새	속새과	뿌리	근골초, 목적, 찰초
속수	대극과	-	속수자, 천금자
송악	두릅나무과	-	상춘등, 상춘등자
쇠고비	고란초과	연한 순	혼계두
수국	범의귀과	연한 잎	팔선화
수선화	수선화과	-	수선
숫잔대	초롱꽃과	-	산경채, 고채, 수견채
쉽싸리	꿀풀과	연한 잎	택란
실거리나무	콩과	-	운실근
쐐기풀	쐐기풀과	어린 순	담마, 심마
쑥	국화과	어린 잎	애, 애엽, 인진
암대극	대극과	-	약대극
앉은부채	천남성과	어린 잎	취숭
애기땅빈대	대극과	-	지금초
애기똥풀	양귀비과	-	백굴채
애기나리	백합과	어린 순	보주초
양귀비	양귀비과	-	아편, 앵속각, 앵자속
여로	백합과	-	여로, 여로근
여우오줌	국화과	-	학충
연영초	백합과	-	우아칠
용담	용담과	-	용담
윤판나물	백합과	어린 순	석죽근
옻나무	옻나무과	연한 잎, 꽃잎	건칠, 칠사, 칠수
왜젓가락나물	미나리아재비과	(어린 잎)	수호초, 토센신, 회회산
원추리	백합과	연한 잎, 줄기	금침채, 선초근, 훤초
월귤	진달래과	열매	월귤
은방울꽃	백합과	-	영란
은행나무	은행나무과	열매	백과
인동덩굴	인동과	-	금은화
자리공	자리공과	(어린 순)	상륙, 상륙근, 당육, 백창
자주괴불주머니	현호색과	연한 잎	국화향련, 황근
정향풀	풀협죽도과	-	정향풀
점박이천남성	천남성과	-	천남성
젓가락나물	미나리아재비과	-	회회초
만주족도리풀	쥐방울덩굴과	연한 잎	세신
좀꿩의다리	미나리아재비과	연한 잎	고원도, 당송초
주엽나무	콩과	어린 잎	조협, 조각
주목	주목과	열매	주목엽
쥐방울덩굴	쥐방울덩굴과	-	마두령, 심골풍, 청목향
쥐오줌풀	마타리과	어린 줄기와 잎	길초근, 지주향, 힐초근
진득찰	국화과	-	희렴, 희천
진범	미나리아재비과	-	진교, 한진교

표 2. 식용과 약용이 가능한 독성식물들(계속)

독초명	식물분류(과)	식용부위	생약명(민간약초명)
질경이택사	택사과	연한 잎	택사, 택지
찔레꽃	장미과	어린 잎, 꽃잎	영실, 장미
차나무	차나무과	어린 순	다엽, 차엽
참빗살나무	노박덩굴과	어린 순	사면목
참으아리	미나리아재비과	연한 잎	위령선
창포	천남성과	-	창포
천남성	천남성과	-	천남성
철쭉	진달래과	-	양척촉, 척촉
컴프리	지치과	잎	감부리
큰금매화	미나리아재비과	-	금매화
큰연영초	백합과	-	우아칠
큰천남성	천남성과	-	천남성
털갈매나무	갈매나무과	-	서리, 서리자, 서리근
털머위	국화과	연한 잎	연봉초
털진득할	국화과	-	희렴, 희첨, 흰선, 풍습초
토란	천남성과	뿌리	야우
톱풀	국화과	어린 순	시초, 일지호, 친초
투구꽃	미나리아재비과	-	초오, 초오두
파리풀	파리풀과	-	노파자침선
팔손이	두릅나무과	-	팔각금반
팥꽃나무	팥꽃나무과	-	완화
피나물	양귀비과	(어린 잎)	하청화근
피마자	대극과	잎	피마자
피뿌리풀	팥꽃나무과	-	-
하늘매발톱	미나리아재비과	-	누두채
하수오	마디풀과	잎	하수오
할미꽃	미나리아재비과	-	백두, 백두옹
헛개나무	갈매나무과	-	지구자
현삼	현삼과	뿌리	원삼, 현삼, 흑삼
현호색	현호색과	-	연호색
협죽도	협죽도과	-	협죽도엽, 협죽초
홀아비꽃대	홀아비꽃대과	-	은녹초, 은선초
홀아비바람꽃	미나리아재비과	-	죽절향부
활나물	콩과	-	구령초, 야백합, 야지마
황금	꿀풀과	-	황금
회향	산형과	-	회향
흰대극	대극과	-	대극
흰독말풀	가지과	-	만다라자, 만타라자
흰물봉선	봉선화과	연한 잎	야봉선, 좌나초
흰양귀비	양귀비과	-	앵속각, 앵자속, 아부용
흰여로	백합과	-	여로
흰진범	미나리아재비과	-	진교

3) 식용식물과 혼동하기 쉬운 독초

일반인들이 산이나 들에서 직접 식물을 캐는 경우에 외형이 유사한 독초를 식용나물로 오인하는 경우가 많으며, 응급실로 내원하는 대부분의 독초중독 환자들은 이러한 경로로 중독된다. 특히, 나물의 경우에는 새싹이 나오는 시기에 주의해야 하는데, 새싹만 봐서는 독초와 식용나물을 구분하기 어렵기 때문이다. 식용식물로 오인하여 중독이 발생한 경우에 의료진들은 다음의 표를 이용하여 원인 독초를 역으로 추정할 수도 있을 것이다.

표 3. 식용식물과 감별을 요하는 주요 독초

독 초	식용 식물	주요 감별점
개당귀	참당귀(구릿대)	잎모양, 줄기
꿩의다리	삼지구엽초	잎모양
독미나리	미나리	잎과 꽃의 외형
동의나물	곰취	잎모양, 서식지, 개화기
박새풀	산마늘, 둥굴레	잎모양, 잎냄새, 꽃모양
삿갓나물	우산나물	잎모양
여로	산마늘, 둥굴레	잎모양, 꽃모양
은방울꽃	산마늘, 둥굴레	잎모양, 꽃모양
자리공	칡	칡은 덩굴식물이므로 줄기가 다르다
철쭉	진달래	꽃이 필 때 잎의 유무
털머위	머위	잎에 털의 유무, 꽃 피는 시기

4) 독성식물들의 독성분에 대한 일반적인 사항

식물들은 여러 성분을 함유하고 있지만, 기본적으로는 광합성에 의하여 생성되는 전분(starch)과 과당(fructose) 중합체인 다당류의 이눌린(inulin), 지방유(fatty acid), 단백질, 정유(essential oil)를 함유한다. 독성식물의 경우에 독성을 나타내는 성분들은 트리테르펜(triterpene), 스테로이드(steroid), 사포닌(saponin), 배당체(glycoside), 알칼로이드(alkaloid), 칼슘염(calcium salt) 등이다.

(1) 트리테르펜(triterpene), 스테로이드(steroid), 사포닌(saponin)

트리테르펜은 기본적으로 sesquiterpene 2분자가 축합한 탄소 30개의 4환 골격을 지닌 화합물이고, 스테로이드는 트리테르펜에서 3개의 탄소가 부족한 탄소 27개의 4환 골격이다. 트리테리펜 혹은 스테로이드의 수산기에 당류가 여러 분자 결합되어 있는 것을 사포닌(saponin)이라고 하는데, 계면활동 등의 작용을 나타낸다.

트리테르펜의 예로는 alisol A, betulinic acid, cucurbitan A, eburicoic acid, glycyrrhetic acid, hederagenin, obacunone, protopanaxadiol, saikosaponin, squalene, ursolic acid 등이다. 스테로이드로는 timosaponin, digitoxin, lanatoside 등이 있다.

(2) 알칼로이드(alkaloid)

알칼로이드는 아미노산으로 만들어지는 성분으로서 질소원자를 함유하고 있고 약한 염기성을 나타내며, 대부분은 강한 생리작용을 유발하므로 알칼로이드가 함유된 식물은 의약품으로 이용되거나 독초로 분류된다. 주요 알칼로이드들은 다음의 표와 같다.

표 4. 알칼로이드의 분류와 주요 성분명

알칼로이드 분류	성분명
Imidazole alkaloid	pilocarpine
Indol alkaloid	ajmaline, ergotamine, ergometrine, physostigmine, reserpine, strychnine, vinblastine
Indorizidine alkaloid	securinine
Isoquinoline alkaloid;	
apophine alkaloid	magnoflorine
berberine alkaloid	berberine
benzylisoquinoline alkaloid	papaverine, tubocurarine
emetine alkaloid	emetine
morphine alkaloid	morphine, codeine
phenanthrindine alkaloid	lycorine, galantamine
phthalideisoquinoline alkaloid	hydrastine, noscapine
protopine alkaloid	protopine
Phenethylamine alkaloide	phedrine, methylephedrine
Purine alkaloid	caffeine, theophylline
Pyridine & piperidine	alkaloidnicotine, arecoline
Pyrrolizidine alkaloid	senecio
Quinolizidine alkaloid	matrine, oxymetrine
Quinolone alkaloid	quinine, quinidine
Steroid alkaloid	veratramine, solanine
Terpenoid alkaloid	aconitine, mesaconitrine
Tropane alkaloid	cocaine, hyoscyamine, scopolamine
Tropoid alkaloid	colchicine

(3) 배당체(glycoside)

식물에 함유된 유기화합물의 수산기에 당류의 hemiacetal 수산기가 에테르 형태로 결합한 화학물을 배당체라고 한다.

(4) 칼슘염(calcium salt)

탄산칼슘, 주석칼슘, 인산칼슘, 황산칼슘, 구연산칼슘, 수산칼슘 등이며 세포 내에서 결정을 형성한다.

5) 주요 독성식물들의 독성분과 일반적인 중독증상

독성식물의 식물분류체계인 과나 속에 따라서 독성분이 대부분 동일하므로 동일한 과나 속의 독성식물에서는 중독증상이 유사하게 나타날 수 있지만, 독성식물에 따라서 중증도가 다르거나 다른 증상도 발현할 수 있다. 특히, 독성식물을 섭취하여 사망할 가능성이 높은 경우에 맹독성 식물이라고 명명하기도 하는데, 국내에서는 독성식물에 대한 독성연구가 체계적으로 진행되지 않아서 맹독성에 대한 객관적인 자료는 없는 실정이다. 다만, 국내에서 사망사례가 보고되었거나 구전(口傳)으로 전해 내려오는 맹독성 독성식물들은 표와 같으며, 독성식물의 분류별 주요 독성성분과 중독증상은 다음과 같다.

표 5. 독성이 매우 강한 독성식물

분류 (과)	식물명 (학명)
가지과	독말풀, *Datura stramonium* var. *chalybea* Koch 미치광이풀, *Scopolia japonica* Max. 흰독말풀, *Datura stramonium* L. var. *stramonium*
대극과	개감수, *Euphorbia sieboldiana* Morr. et Decne. 대극, *Euphorbia pekinensis* Rupr. 피마자, *Ricinus communis* L.
산형과	독미나리, *Cicuta virosa* Linn
미나리아재비과	동의나물, *Caltha palustris* var. *membranacea* Turcz. 모데미풀, *Megaleranthis saniculifolia* Ohwi 미나리아재비, *Ranunculus japonicus* Thunb. 백부자, *Aconitum koreanum* R. Raymund 젓가락나물, *Ranunculus chinensis* Bunge 진범, *Aconitum pseudo-laeve* var. *erectum* Nakai 투구꽃, *Aconitum Jaluense* Kom. subsp. *jaluense* 할미꽃, *Pulsatilla koreana* Nakai 홀아비바람꽃, *Anemone koraiensis* Nakai
백합과	박새, *Veratrum patulum* Loes. fil. 삿갓나물, *Paris verticillata* Bieb. 여로, *Veratrum maackii* var. *japonicum* T. Shimizu 연영초, *Trillium kamtschaticum* Pall. 은방울꽃, *Convallaria keiskei* Moq. 큰연영초. *Trillium tschonoskii* Maxim.
양귀비과	애기똥풀, *Chelidonium majus* var. *asiaticum* Ohwi 피나물, *Hylomecon vernale* Max.
천남성과	두루미천남성, *Arisaema heterophyllum* Blume. 반하, *Pinellia ternata* Breitenb. 앉은부채, *Symplocarpus renifolius* Schott 점박이천남성, *Arisaema angustatum* Franchet et Savatier 천남성, *Arisaema amurense* var. *serratum* Nakai 큰천남성, *Arisaema ringens* Schott
현삼과	디기탈리스, *Digitalis purpurea* Linne'
현호색과	현호색, *Corydalis remota* Flisch ex Maxim.
협죽도과	협죽도, *Nerium indicum* Miller

표 6. 독성식물의 분류별 주요 중독 사항

분 류	중 독	설 명
가지과	주 독성분	Tropane alkaloid ; atropine, hyoscyamine, hyoscine
	증상 발현	섭취 후 30분부터 1시간 이내
	중독 증상	소화기, 심혈관계, 신경계, 항콜린성 증상, 사망
	지속 시간	24~48시간 증상 지속, 때로는 사망
미나리아재비과	주 독성분	Steroidal alkaloid ; 아코니틴(aconitine)
	증상 발현	섭취 후 수 분부터 6시간 이내
	중독 증상	소화기, 심혈관계, 호흡계, 기타(발한 등)
	지속 시간	수 일간 지속, 때로는 사망

표 6. 독성식물의 분류별 주요 중독 사항(계속)

분 류	중 독	설 명
백합과 여로속	주 독성분	Steroidal alkaloid ; 베라트린(veratrin)
	증상 발현	섭취 후 30분부터 3시간 이내
	중독 증상	소화기, 심혈관계, 호흡계, 신경계, 기타(발한 등), 사망
	지속 시간	24~40시간 동안 지속
백합과 은방울꽃속	주 독성분	Convallotoxin, convallarin, convallamarin
	증상 발현	수 분에서 수 시간 후
	중독 증상	소화기, 심혈관계, 신경계, 기타(고칼륨혈증 등), 사망
	지속 시간	때로는 사망
산형과	주 독성분	레진(resins)의 일종인 cicutoxin
	증상 발현	수 분 ~1시간
	중독 증상	소화기, 심혈관계, 신경계, 무스카린성 증상, 횡문근융해
	지속 시간	때로는 사망
천남성과	주 독성분	Calcium oxalate, asparagine
	증상 발현	수 분~수 시간
	중독 증상	소화기, 신경계, 피부계
	지속 시간	때로는 사망
협죽도과	주 독성분	Cardiac glycoside ; oleander
	증상 발현	수시간
	중독 증상	소화기, 심혈관계
	지속 시간	때로는 사망

표 7. 독성식물과 독성분

중독증상	식물명	독성부위	독성분
항콜린성 증상	까마중	전초(全草)	atropine & related compounds
	독말풀	전초(全草)	atropine, hyocyamine, hyoscine
	사리풀	전초(全草)	atropine, hyocyamine, hyoscine
	천사의나팔	전초(全草)	atropine, hyocyamine, hyoscine
	란타나	열매, 잎	lantadene
심혈관계 독성	디기탈리스	전초(全草)	veratrum alkaloid
	마취목	전초(全草)	grayanotoxins
	박새	전초(全草)	zyadenine, veratine
	은방울꽃	전초(全草)	convallarin, convallamarine
	주목	열매를 제외한 전초	taxine
	철쭉	전초(全草)	grayanotoxins
	큰제비꼬깔	전초(全草)	delphinine & other alkaloid
	투구꽃	잎, 뿌리, 씨	aconitine, aconine
	협죽도	전초(全草)	oleandrin, oleandrosine
중추신경계 흥분	독미나리	뿌리를 제외한 전초	cicutoxin
	멀구슬나무	전초(全草)	aresinoid
환각작용	독말풀	전초, 특히, 씨	scopolamine
	미모사	전초(全草)	substituted tryptamines
	삼(대마초)	전초(全草)	tetrahydrocannabinol
호흡계 독성	수국	전초(全草)	hydrangin
	산수국	전초(全草)	hydrangin

표 7. 독성식물과 독성분(계속)

중독증상	식물명	독성부위	독성분
피부계 독성	덩굴옻나무	전초(全草)	vesicant sap
	옻나무	전초(全草)	oleoresin
	포인세티아	전초(全草)	oleoresin
소화기계 독성	겨우살이	전초(全草)	sympathomimetic amines
	등나무	씨, 열매	wisterin, resin
	미국자리공	전초(全草)	resins, saponins, alkaloids
	사프란	전초(全草)	colchicine
	서향	전초(全草)	daphnin, narcissine
	수선화	전초(全草)	lycorine, narcissine
	자리공	전초(全草)	resins, saponins, alkaloids
	포인세티아	수액	irritants
비뇨기계 독성	독미나리	전초(全草)	cicutoxin
	사프란	전초(全草)	colchicine
	서향	전초(全草)	daphnin, vesicant resin, etc
	피마자	전초(全草)	ricin, recinine
니코틴 독증상	담배	전초(全草)	nicotine
	독미나리	전초(全草)	coniine
	숫잔대	전초(全草)	lobeline
Oxalate 독증상	대황	잎	oxalic acid & soluble oxalates
	디펜바키아	전초(全草)	calcium oxalate
	앉은부채	전초(全草)	calcium oxalate
	천남성	전초(全草)	calcium oxalate
Soalate 독증상	감자	새싹	solanine, alkaloid
Toxalbumins	피마자	전초(全草)	ricin

2. 식물을 먹고 중독증상이 발현한 환자에 대한 초기 대응

1) 초기 응급처치

독물질을 섭취하고 수 시간 이내에 응급실로 내원한 경우에는 복용한 독성물질을 신속히 체외로 배출하기 위하여 독성제거술(decontamination)을 시행하고, 이미 흡수된 약물에 대한 해독제를 투여하는 것이 일반적인 응급처치이다.

(1) 환자의 체위

독극물을 섭취한 후 1시간 이내인 경우에는 환자의 좌측 부위가 지면을 향하도록 옆으로 눕히는 좌측와위(left lateral decubitus position)를 시행하여 약물이 십이지장이나 소장으로 넘어가는 것을 최대한 지연시켜야 한다. 이러한 체위는 위장내의 약물이 십이지장으로 넘어가는 것을 최대 2시간까지 지연시킬 수 있다고 보고되고 있다. 또한, 구토의 가능성이 높은 경우에는 머리를 30° 정도 하방으로 위치시키는 Trendelenberg position을 취할 수 있다.

(2) 구토제 (syrup of ipecac)

구토제를 복용시켜서 위의 내용물을 토하게 하는 방법이지만, 흡인, 식도파열, 폐렴 등의 합병증이 유발될 수 있으며, 구토제를 투여한 경우에는 추후 응급실에서 투여하는 치료약물까지 토하게 되어 치료가 지연될 수 있는 단점도 지니고 있다. 그러므로 소아가 독초(독극물)를 삼키는 것을 보호자가 목격한 경우에만 병원에 도착하기 이전의 응급처치로써 이용될 수 있다(표 8).

표 8. 소아에서 구토제(syrup of ipecac) 투여방법

15 ml를 경구로 투여한 후에 물을 소량 마심, 30분 이내에 구토가 없으면 동량을 반복 투여

(3) 위세척 (gastric lavage)

위장 내의 독초(독성물질)를 신속히 제거하는 방법으로서, 굵은 위관(gastric tube, 36~40 French)을 위까지 삽입하여 물로 세척하는 방법이다. 세척을 위하여 1회 투여하는 양은 약 250~300 ml이며, 가급적 온수(warm water)를 이용하고, 배출되는 액체의 색이 맑아질 때까지 계속 시행한다. 다만, 독초를 섭취한 후 1시간 이내인 경우에만 시행하며, 간혹 위장기능 장애에 의하여 내용물이 위에 계속 남아있다고 판단되는 경우에는 독초 섭취 후 수 시간이 경과했어도 위세척을 시행할 수 있다. 위세척을 시행하는 경우에도 환자의 자세는 좌측와위(left lateral decubitus position)를 유지하며, 의식이 명료하지 않은 경우에는 기관삽관을 시행한 후에 앙와위(supine position)에서 위세척을 시행한다.

(4) 활성탄 (activated charcoal)

이미 위를 통과하여 소장에 위치한 독초(독성분)가 흡수되는 것을 방지하기 위하여 활성탄을 경구 혹은 위장관을 통하여 투여한다. 표준방법은 활성탄 1 gm/kg을 물 4~8 ml/kg과 희석하여 1회 투여하는 것이며, 독성이 강한 경우에는 활성탄 1.5~2 gm/kg을 물 8~10 ml/kg과 희석하여 1회 투여하는 것이다(표 9). 최초의 1회는 활성탄과 물의 혼합액에 하제(cathartics)를 추가로 혼합하여 투여할 수도 있지만, 독초의 경우에는 대부분 설사를 유발하기 때문에 하제를 투여하지 않는 경우가 많다.

표 9. 활성탄 투여방법 (다음 중 1개만 선택하여 시행)

① Single standard dose : 활성탄 1 gm/kg을 물 4~8 ml/kg과 희석하여 1회 투여
② Single maximal dose : 활성탄 1.5~2 gm/kg을 물 8~10 ml/kg과 희석하여 1회 투여
③ Multiple dose : 상기 ①의 방법을 4시간 간격으로 반복 (검정색 변이 나올 때까지)

(5) 하제 (cathartics)

설사를 유도하여 소장 및 대장 내의 독성분을 제거하는 방법으로서, 주로 sorbitol, magnesium sulfate, magnesium citrate를 이용한다. 그러나 대부분의 독초는 설사를 유발하는 경우가 많으므로 하제의 투여에 대해서는 논란이 많으며, 저자들의 경우에도 하제 투여를 권장하지는 않는다.

표 10. 하제 투여방법

성분명	투여 방법
Sorbitol	1 gm/kg을 경구 혹은 위장관 튜브로 1회 투여
Magnesium citrate	성인 : 25 gm을 경구 혹은 위장관 튜브로 1회 투여 소아 : 0.4 gm/kg을 경구 혹은 위장관 튜브로 1회 투여

표 13. 곰취와 동의나물의 감별법

	곰 취 (식용)	동의나물 (독초)
서식지	주로 산기슭 	주로 습지나 물가 
잎 모양	중앙을 가르는 긴 선에서 여러 선  	중앙에서 방사형으로 여러 가지  
꽃	늦여름에 꽃대가 나오고 꽃이 핀다. 	봄에 노란색 꽃이 핀다 

2) 우산나물(식용)과 삿갓나물(독초)

자세히 보면 외형상 많은 차이가 있는데, 우산나물의 새순은 완전히 처진 상태로 나고 잎과 줄기에 털이 많다. 반면에 삿갓나물은 잎과 줄기에 털이 없고 새로 나오는 순도 약간 처진 상태이다. 가장 특징적인 차이점은, 삿갓나물은 잎의 가장자리가 뾰족하고 갈라지지 않으며 잎 6~8장이 돌려 나오는데, 우산나물은 잎의 끝부분이 2개 정도로 갈라진 경우가 많으며 잎 5~9개가 돌려난다.

표 14. 우산나물과 삿갓나물의 감별법

	우산나물 (식용)	삿갓나물 (독초)
잎모양	끝이 2개로 갈라지기도 한다  	끝이 뾰족하고 갈라지지 않는다  
새순/잎끝	새순은 축 처지고 털이 있다  	새순은 잘 처지지 않고 털이 없다  

3) 산마늘(식용)과 박새(독초)

봄에 새순이 나오기 시작하는 때에는 산마늘과 박새를 구별하기 매우 어려우므로 가급적 채취하지 않는 것이 바람직하다. 어느 정도 성장하면 육안으로도 확연히 구별되기 시작하는데, 잎의 윤택이 적고 주름이 편평한 것이 산마늘이다. 반대로, 박새는 잎의 주름이 비교적 깊고 윤택이 약간 있다. 더욱 확실하게 구별하는 방법은 잎의 가장자리를 조금 찢어서 냄새를 확인하는 것인데, 산마늘에서는 마늘냄새가 난다. 줄기를 보면, 박새는 줄기의 끝부분(지면과 가까운 부분)이 연한 보라색이고 1개의 줄기에서 잎들이 층층이 어긋나는 반면에, 산마늘은 줄기의 색깔이 모두 녹색이고 줄기마다 1개의 잎씩 분리되어 나온다.

표 15. 산마늘과 박새의 감별법

	산마늘 (식용)	박새 (독초)
잎	윤택이 적고 편평하다 	윤택이 있고 주름이 깊다 
줄기	줄기마다 1개의 잎만 나온다 	줄기에서 여러 잎이 층층이 나온다 
냄새	잎을 자르면 마늘냄새가 난다	잎을 잘라도 냄새가 없다

4) 산마늘(식용)과 은방울꽃(독초)

봄에 새순이 돋는데 산마늘은 줄기마다 1개의 잎이 제각기 나오는데, 은방울꽃은 1개의 줄기에서 2~3개의 잎이 갈라진다. 산마늘의 잎은 둥글고 편평한 반면에 은방울꽃은 길고 골이 깊다. 그러나 잘 구별이 안 가는 경우에는 잎을 찢어서 냄새를 맡아보면 된다(산마늘에서는 마늘의 향이 난다). 꽃은 확연하게 차이가 나므로 꽃이 필 때에는 착각하는 경우가 거의 없다.

표 16. 산마늘과 은방울꽃의 감별법

	산마늘 (식용)	은방울꽃 (독초)
잎	윤택이 적고 편평하다 	폭이 좁고 길다 
줄기	1개의 잎만 나온다 	줄기마다 2~3개의 잎이 나온다 
꽃	여름에 피며 긴 꽃대가 있다 	봄에 흰색으로 잎의 밑에서 나온다 

5) 산마늘(식용)과 여로(독초)

산마늘과 여로는 외형상 확실하게 차이가 나지만, 새싹이 나오는 봄철에는 구별하기 매우 어렵다. 그러므로, 새순이 나오는 봄에는 가급적 채취하지 않는 것이 바람직하며, 채취하더라도 잎을 조금 찢어 냄새를 맡아서 재차 확인해야 한다(산마늘의 잎에서는 마늘냄새가 난다).

표 17. 산마늘과 여로의 감별법

	산마늘 (식용)	여로 (독초)
잎	윤택이 적고 편평하다 	폭이 좁고 길다 
줄기	줄기마다 1개의 잎만 나온다 	2~4개의 잎이 나온다 

6) 둥굴레(식용)와 은방울꽃(독초)

둥굴레는 줄기가 옆으로 비스듬이 기울어지면서 잎이 여러 개 나오는 반면에, 은방울꽃은 줄기의 시작부분에서부터 2~3개의 잎이 돌려난다. 둥굴레의 꽃은 좁고 길며 줄기를 따라서 총총이 균일하게 매달리는 형상이지만, 은방울꽃은 둥근 편이며 흰색의 꽃들이 불규칙적으로 모여 있다.

표 18. 둥글레와 은방울꽃의 감별법

	둥굴레 (식용)	은방울꽃 (독초)
꽃	일렬로 나란히 꽃이 달려 있다. 	여러 꽃들이 모여 있다 

표 18. 둥글레와 은방울꽃의 감별법(계속)

	둥굴레 (식용)	은방울꽃 (독초)
줄기	줄기가 기울어져 있다 	줄기가 바로 선다 

7) 삼지구엽초(식용)과 꿩의다리(독초)

삼지구엽초와 꿩의다리는 모두 줄기가 3개로 갈라지고, 각 줄기마다 3개의 잎이 매달린다는 공통점이 있다. 그러나 삼지구엽초의 잎은 끝이 뾰족한 반면에 꿩의다리는 끝이 예리하지 않다. 삼지구엽초의 꽃은 늦은 봄에 연한 백색으로 특징적인 모양을 나타내지만, 꿩의다리는 초여름에 백색, 혹은 연한 자주색 등의 가는 꽃이 다발로 모여 있다.

표 19. 삼지구엽초와 꿩의다리 감별법

	삼지구엽초 (식용)	꿩의다리 (독초)
잎	끝이 뾰족하다 	끝이 둥글다 
꽃	봄에 핀다 	여름에 핀다 

8) 진달래(식용)와 철쭉(독초)

진달래는 3월말부터 4월초까지 꽃이 피며 꽃이 핀 후에 잎이 나기 시작하지만, 철쭉은 4월부터 잎이 나온 이후에 꽃이 피기 시작한다. 즉, 나뭇가지에 잎이 없고 꽃만 있다면 진달래일 가능성이 높고, 잎이 나온 다음에 꽃이 핀다면 철쭉일 가능성이 많다. 또한, 철쭉은 꽃봉오리 일부분에 끈적거리는 점액질이 있으나, 진달래는 점액질이 없다. 진달래는 짙은 분홍색이고 꽃이 일률적이지만, 철쭉은 색깔이 조금 더 연하고 꽃의 일부분에 짙은 반점이 있다는 것이 다르다. 다만, 산철쭉은 붉은색이므로 주의해야 한다.

표 20. 진달래와 철쭉의 감별법

	진달래 (식용)	철 쭉 (독초)
개화	꽃이 핀 후 잎이 난다 	잎이 난 후 꽃이 핀다 
꽃	짙은 분홍색이고 꽃잎에 점이 없다 	연한 분홍색이고 꽃잎에 점이 있다 

9) 머위(식용)와 털머위(독초)

털머위는 식물전체를 약용이나 식용으로 이용하는 '머위'와 비슷한 모양을 하고 있지만 독성이 있다. 머위는 이른 봄에 꽃이 먼저 피고 줄기가 나오며 산이나 들에서 주로 자란다. 그러나 털머위는 주로 바닷가 근처에서 서식하며, 잎이 짙은 녹색으로 두껍고 겉면에 윤채가 난다. 또한, 털머위의 잎에는 갈색 털도 많고 가을에 노란색 꽃이 핀다.

표 21. 머위와 털머위의 감별법

	머위 (식용)	털머위 (독초)
서식처	산기슭이나 들에서 군집한다 	주로 바닷가 근처에서 군집한다 
잎	연녹색이고, 부드러우며, 털과 윤기가 없다 	짙은 녹색이고, 두꺼우며, 털과 윤기가 있다 
꽃	이른 봄에 꽃이 된다 	늦가을에 노란색 꽃이 핀다 

4. 독초 중독환자의 정보를 공유하는 방법

서울아산병원 응급의료센터는 정부로부터 독극물전문 응급의료센터로 지정받아서 각종 독극물 정보를 제공하고 있으며, 중독환자의 정보를 체계적으로 수집하고 있다. 각 의료기관의 응급의료진들이 서울아산병원 응급의료센터(http://er.amc.seoul.kr)에 인터넷 회원으로 등록한 후 로그인(접속)하고, 세부 메뉴인 TESS(toxic exposure surveillance system)를 선택하여 독극물 중독환자의 세부정보를 입력하면 관련 독극물 중독환자의 통계정보를 직접 확인할 수 있다. 단, TESS는 현재 시험 가동 중에 있으므로 향후 2~3년간 전국의 중독환자정보가 축적되어야만 통계자료를 제공할 수 있을 것이다.

서울아산병원 응급의료센터 홈페이지

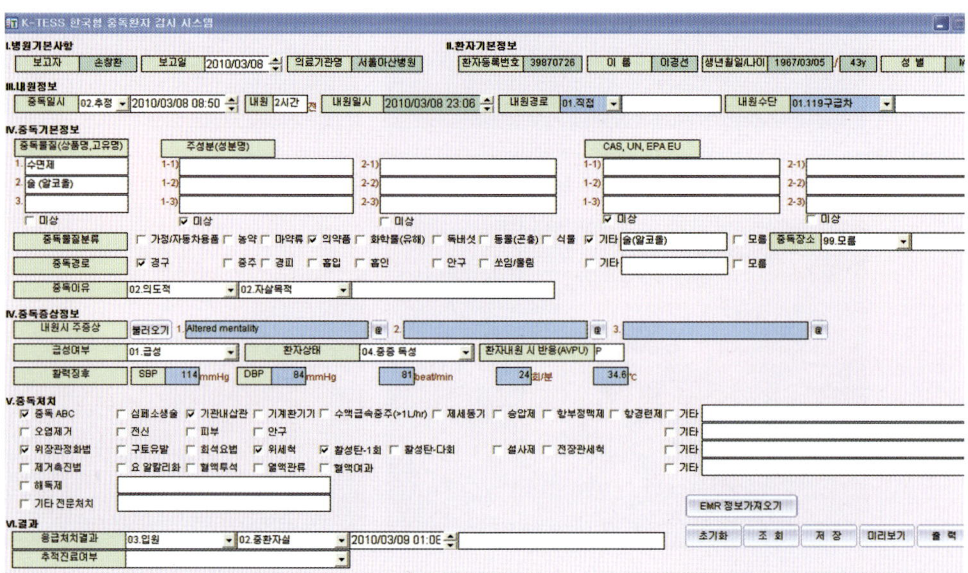

중독환자 세부정보를 입력하는 화면 (TESS)

II장
독성이 강한 풀

다음의 식물들은 독성이 강한 독초로 분류되고 있지만, 동일한 과라도 독성이 약한 것이 있다. 그러므로 II장에서는 생명과 직접적인 관련이 있는 치명적인 독성이 있는 독초들에 대해서 기술하고, 동일한 과라도 독성이 약한 것은 III장에서 기술할 예정이다. 예를 들면, 가지과 독초 중에서 미치광이풀과 독말풀은 맹독성 독초이므로 본장에서 기술되지만, 고추, 꽈리, 까마중과 같은 저독성 독초들은 III장에서 기술된다.

표 22. II장에서 기술되는 독성이 강한 독초들

분 류	독초명
가지과	독말풀, 흰독말풀, 천사의나팔, 미치광이풀
대극과	개감수, 대극, 참대극, 피마자
미나리아재비과	꿩의바람꽃, 노랑투구꽃, 놋젓가락나물, 동의나물, 모데미풀, 미나리아재비, 백부자, 젓가락나물, 진범, 투구꽃, 홀아비바람꽃, 회리바람꽃, 흰진범, 할미꽃
백합과	박새, 삿갓나물, 여로, 흰여로, 연영초, 큰연영초, 은방울꽃
산형과	개발나물, 독미나리
양귀비과	애기똥풀, 피나물, 매미꽃
천남성과	반하, 대반하, 앉은부채, 천남성, 두루미천남성, 둥근잎천남성, 점박이천남성, 큰천남성
현삼과	냉초, 디기탈리스
현호색과	괴불주머니, 자주괴불주머니, 눈괴불주머니, 현호색
협죽도과	협죽도

1. 가지과 (Solanaceae)

✿ 독말풀

독이 많은 풀이라는 의미에서 유래되었다.

일반명 : 네조각독말풀, 양독말풀, (다투라, 대마자, 양종마, 취선도, 취심화)

학 명 : *Datura stramonium* var. *chalybea* Koch

분 류 : 가지과

분 포 : 민가 부근

높 이 : 1~2 m (한해살이풀)

개 화 : 8~9월 (연한 자주색)

열 매 : 9~10월 (검정색)

생약명 : 만타라자, (만타라엽, 산가화, 양금화, 천가자)

감 별 : 잎은 독초인 도꼬마리와 비슷하다.

독성분 : 잎에는 트로판 알칼로이드(tropane alkaloid) 계통인 atropine, hyoscyamine, hyoscine, meteloidine, scopolamine 등이 함유되어 있다. 그 외의 독성분으로서는 glycoalkaloid, nicotine 등이 포함된 경우도 있다.

병 태 : 트로판 알칼로이드는 가장 강력한 항콜린제(anticholinergics)이며, 신경전달체인 아세틸콜린(acetylcholine)의 신경신호를 차단한다.

발 병 : 통증의 완화를 위한 민간요법으로 독말풀을 섭취하다가 중독되기도 한다.

발 현 : 섭취 후 30~60분 이내에 증상이 발현한다.

V / S : 고혈압, 저혈압, 빈맥, 부정맥, 체온상승 등이 발현할 수 있다.

증 상 : 항콜린성 증후군이 주로 나타나는데, 신경계의 말초성 증상과 중추성 증상은 다음과 같으며, 이외에도 근효소치 증가 및 횡문근 융해가 발생할 수 있다.

분 류	증상 / 징후
신경, 중추성	의식장애, 환청, 환시, 발작, 구음장애, 행동장애, 초조(agitation) 등
신경, 말초성	구강건조, 구역질, 구토, 장음감소, 산동, 시력장애, 눈부심, 피부홍조, 고열, 요폐(urinary retension) 등
기 타	횡문근융해증, CK 증가

검 사 : 혈액검사(WBC, CK, creatinine), 소변마이오글로빈, 심전도

치 료 : 해독제로는 피조스티그민(physostigmine)이 보고되고 있으나 임상결과에 대한 논란이 많은 상황이며, 경구로 섭취한 경우에는 초기에 독성제거술(위세척, 활성탄)을 시행하면서 증상에 따라서 보존적인 치료를 한다. 중증 빈맥의 경우에는 항부정맥제인 에스몰롤(esmolol) 혹은 베타차단제(β-blocker)가 도움이 된다.

증상 / 징후	치료방법
혈압저하	수액 투여, 도파민 투여
체온상승	감온치료(shower & fan, ice-saline bag, gastric lavage 등)
초조	벤조다이아제핀 투여 ※ 금기약물 : 할로페리돌(haloperidol), 페노치아진(phenothiazine)
해독제(?)	피조스티그민(physostigmine) 1~4 mg을 5~10분에 걸쳐 천천히 정주 (증상이 지속되면 반복 투여한다)
기 타	위장관튜브 삽입, 도뇨관 삽입

결　과 : 대개는 24~48 시간 정도 증상이 지속되는데, 때로는 수일간 증상이 지속되기도 하며 사망할 수도 있다.

증례

[대한신경과학회지 1987:5(2):293-298]

(제목) 독말풀 중독 2예

(내용) 46세 여자와 51세 여자가 독말풀로 담근 술을 마신 후 수 분이 경과하면서 환각, 환청, 웃음, 착란 등이 발생하고, 4시간 후부터는 의식장애가 동반되었다. 보존적 치료를 하면서 12시간 후 의식이 명료해지면서 모든 증상이 소실되었다.

[Del Med J 1998:70(11):471-476]

(제목) Mass ingestion of Jimson Weed by eleven teenagers

(내용) 13~21세 환자들 11명이 독말풀 열매를 대량 섭취한 후, 산동, 빈맥, 심한 흥분, 지남력 상실, 환각 증상들이 발현하여 치료를 받았다. 이중 9명은 경과 관찰을 위해 입원하였으며, 해독제인 physostigmine을 사용하지 않고 모두 증상이 호전되어 퇴원하였다.

[Crit J Emerg Med 2007:9(6):467-468]

(제목) Teenagers with Jimson weed (*Datura stramonium*) poisoning

(내용) 파티 참가자 중에서 8명이 환각을 위하여 의도적으로 독말풀 열매를 섭취하였으며, 이중 200~300개의 씨를 섭취한 15세 여자 1명과 16세 남자 2명이 독말풀 열매에 중독되었다. 환자들은 항콜린성 증상(환각, 지각장애, 빈맥, 발열 등)이 발현하여 응급실을 통하여 입원하였으며, 3일 후 증상이 호전되어 퇴원하였다.

[Tidsskr Nor Laegeforen 1997;117(18):2610-2612]

(제목) Poisoning with Jimson weed; Five cases treated with physostigmine

(내용) 독말풀에 중독된 5명의 환자에서 항콜린성 중독증상(동공확대, 빈맥, 흥분, 환각, 경련, 발열, 혈압상승 등)이 발현하였으며, physostigmine 2~3 mg을 정주하여 증상이 호전되었다. 가장 중증인 경우에 physostigmine을 18시간 동안 반복 투여하여 총 투여량은 25.5 mg이었고, 부작용 없이 2~3일 내에 모두 치료되었다.

흰독말풀

꽃이 흰색이라서 흰독말풀이다.

일반명 : 독말풀, (발황산, 발홍산, 약독말풀, 양금화, 흰꽃독말풀)
학　명 : *Datura stramonium* L. var. *stramonium*
분　류 : 가지과
분　포 : 민가 부근
높　이 : 1~1.5 m (한해살이풀)
개　화 : 6~7월 (흰색)
열　매 : 8~9월 (검정색)
생약명 : 만다라자, 만타라자, (만타라엽, 산가화, 양금화, 천가자)
기　타 : 독성분, 중독증상, 치료법 등은 독말풀의 내용과 같다(page 28 참조).

증례

[대한임상독성학회지 2006(4): 52-54]

(제목) 흰독말풀 열매 달인 물 복용후 발생한 의식변화 환자 1예

(내용) 경상도에서 두꺼비 찰밥으로 알려져 당뇨병에 좋다는 이유로 흰독말풀 열매를 달인 물 150cc를 먹은 후 의식변화가 발생하여 내원한 환자 예를 보고하였다.

[대한응급의학회지 1998:9(2):336-340]

(제목) 흰꽃독말풀 섭취후 발생한 항콜린성 중독 2예

(내용) 29세 남자가 기관지천식의 민간치료요법을 위하여 발황산이라는 약초를 달여 먹은 후 2시간부터 오심, 구토, 복통, 흥분 등이 발현하였으며, 병원에서의 수액요법과 다이아제팜 투여로 20시간 만에 정상으로 회복되었다. 환자의 모친(63세/여자)도 함께 달인 물을 먹은 후 동일 증상으로 내원하였다.

❀ 천사의나팔

땅을 향해서 피는 꽃의 모양이 트럼펫과 유사하여 붙여진 이름이다.

일반명 : -

학　명 : *Brugmansia suaveolens*

분　류 : 가지과

분　포 : 외국 수입종, (관상용)

높　이 : 1~2 m (여러해살이풀)

개　화 : 6~10월 (흰색, 노란색, 붉은색 등)

생약명 : -

감　별 : 독초인 독말풀과 외형은 비슷하지만 천사의나팔이 매우 크고, 꽃의 지름과 길이만 비교하여도 독말풀에 비하여 10배 이상 크다.

독성분 : 전초(全草)가 트로판 알칼로이드(tropane alkaloid)를 함유하고 있는데, 특히, 씨와 뿌리에는 함유량이 매우 높다.

병　태 : 트로판 알칼로이드는 가장 강력한 항콜린제(anticholinergics)이며, 신경전달체인 아세틸콜린(acetylcholine)의 신경신호를 차단한다. 그러므로 구강건조, 산동, 환시, 보행장애, 경련, 혼수, 사망 등의 결과가 초래된다.

발　병 : 식용식물로 오인하여 섭취한 사례가 있다.

발　현 : 섭취 후 30~60분 이내에 증상이 발현한다.

V / S : 고혈압, 저혈압, 빈맥, 부정맥, 체온상승

증　상 : 항콜린성 증후군이 주로 나타나는데, 신경계의 말초성 증상과 중추성 증상은 다음과 같다. 이외에도 근효소치 증가 및 횡문근융해가 발생할 수 있다.

분 류	증상 / 징후
신경, 중추성	의식장애, 환청, 환시, 발작, 구음장애, 행동장애, 초조(agitation) 등
신경, 말초성	구강건조, 구역질, 구토, 장음감소, 산동, 시력장애, 눈부심, 피부홍조, 고열, 요폐(urinary retension) 등
기 타	횡문근융해증, CK 증가

검　사 : 혈액검사(WBC, CK, creatinine), 소변마이오글로빈, 심전도

치　료 : 해독제로는 피조스티그민(physostigmine)이 보고되고 있으나 임상결과에 대한 논란이 많은 상황이며, 위장관의 마비가 동반되므로 시간이 조금 경과하였어도 초기에 독성제거술(위세척, 활성탄)을 시행하면서 증상에 따라서 보전적인 치료를 한다. 중증 빈맥의 경우에는 항부정맥제인 에스몰롤(esmolol) 혹은 베타차단제가 도움이 된다.

증상 / 징후	치료방법
혈압저하	수액 투여, 도파민 투여
체온상승	감온치료(shower & fan, ice-saline bag, gastric lavage 등)
초조	벤조다이아제핀 투여
	※ 금기약물 : 할로페리돌(haloperidol), 페노치아진(phenothiazine)
해독제(?)	피조스티그민(physostigmine) 1~4 mg을 5~10분에 걸쳐 천천히 정주 (증상이 지속되면 반복 투여한다)
기 타	위장관튜브 삽입, 도뇨관 삽입

결 과 : 대개는 24~48시간 증상이 지속되는데, 때로는 수일간 증상이 지속되기도 하며 사망할 수도 있다.

증례

[대한응급의학회지 2009:20(6): 729-731]

(제목) Accidental toxic ingestion of angel' s trumpet in a housewife; A case report

(내용) 51세 여자가 독초인 '천사의나팔' 을 식용이 가능한 초롱꽃으로 오인하여 샐러드를 만들어서 먹었다가 30분 후부터 중독증상이 발현하였다. 혈압이 150/90 mmHg로 약간 높았으며, 의식은 GCS 9점이었고, 동공은 산대되어 있었으며, 대광반사는 느렸다. 응급처치후 중환자실에서 집중관찰을 하였으며, 3일 째에 의식이 정상으로 회복되었으나 환각증세가 있었고, 입원 4일째 모든 증상이 완전히 소실되었다.

✽ 미치광이풀

독성이 강하여 먹으면 미치광이가 된다고 하여 붙여진 이름이다.

일반명 : 광대작약, 낭탕, 독뿌리풀, 미치광이, 미친풀, 초우성

학 명 : *Scopolia japonica* Max.

분 류 : 가지과

분 포 : 산골짜기 그늘이나 습지 (강원, 경기, 전북)

높 이 : 30~60 cm (여러해살이풀)

개 화 : 4~5월 (자주색)

열 매 : 5월

생약명 : 낭탕근, 동랑탕

감 별 : 새싹의 경우에는 식용나물인 당개지치(지장나물)와의 감별을 요한다. 당개지치는 하나의 줄기 끝에 윤생형(돌려나기)으로 잎이 달리지만, 미치광이풀은 줄기가 갈라진다.

독성분 : 뿌리줄기는 트로판 알칼로이드(tropane alkaloid) 성분인 히오시아민(hyocyamine)과 스코폴라민(scopolamine), 아트로핀(atropine), hyoscine, glycoalkaloid, nicotine 등이 포함되어 있다. 뿌리줄기를 10 g 이상 먹었을 때는 생명이 위험하다.

병 태 : 트로판 알칼로이드는 가장 강력한 항콜린제(anticholinergics)이며, 신경전달체인 아세틸콜린(acetylcholine)의 신경신호를 차단한다. 동물실험에서 미치광이풀의 LD_{50}은 482~595 mg/kg이며, 추출물로 구성된 약재의 경우에 1일 최대 처방허용치는 150 mg이다.

발 병 : 미치광이풀을 식용나물로 오인하여 섭취하는 경우가 있다.

발 현 : 섭취 후 30~60분 이내에 증상이 발현한다.

V / S : 고혈압, 저혈압, 빈맥, 부정맥, 체온상승, 호흡장애

증 상 : 항콜린성 증후군이 주로 나타나는데, 신경계의 말초성 증상과 중추성 증상은 다음과 같다. 이외에도 근효소치 증가 및 횡문근융해가 발생할 수 있다.

분 류	증상 / 징후
신경, 중추성	의식장애, 환청, 환시, 발작, 구음장애, 행동장애, 초조(agitation) 등
신경, 말초성	구강건조, 구역질, 구토, 장음감소, 산동, 시력장애, 눈부심, 피부홍조, 고열, 요폐(urinary retension) 등
기 타	횡문근융해증, CK 증가

검 사 : 혈액검사(WBC, CK, creatinine), 소변마이오글로빈, 심전도

치 료 : 해독제로는 피조스티그민(physostigmine)이 보고되고 있으나 논란이 많다. 경구섭취의 경우에는 독성제거술(위세척, 활성탄, 하제)을 시행하면서 증상에 따라 보존적인 치료를 한다. 중증 빈맥의 경우에는 항부정맥제인 에스몰롤(esmolol)과 베타차단제(β-blocker)가 도움이 된다.

증상 / 징후	치료방법
혈압저하	수액 투여, 도파민 투여
체온상승	감온치료(shower & fan, ice-saline bag, gastric lavage 등)
중증 빈맥	에스몰롤(esmolol) 혹은 베타차단제를 투여
초조	벤조다이아제핀(valium 과 lorazepam) 정주
	※ 금기약물 : 할로페리돌(haloperidol), 페노치아진(phenothiazine)
해독제(?)	피조스티그민(physostigmine) 1~4 mg을 5~10분에 걸쳐 천천히 정주 (증상이 지속되면 반복 투여할 수 있다)
기 타	위장관튜브 삽입, 도뇨관 삽입

결　과 : 대개는 24~48 시간 증상이 지속되는데, 때로는 수일간 증상이 지속되기도 하며 사망할 수도 있다. 어지럼증과 소화기증상은 초기에 자연 회복되지만, 조증은 2~3일간 지속된다.

증 례

[대한임상독성학회 2004:2(1); 37~40]

(제목) 미치광이풀 중독에 의해 발생한 조증

(내용) 일가족 3명(63세/여자, 47세/여자, 14세/여자)이 미치광이풀을 식용나물로 오인하여 복용한 후에 중독증상인 조증이 발현하여 입원하였다. 환자들은 미치광이풀을 먹은 후에 자발적인 구토가 발생하였으며, 점차 조증이 나타나기 시작하였다. 병원에서 보존적 치료를 시행하였고, 조증은 3일이 경과하면서 호전되기 시작하여 입원 4일째 퇴원하였다.

[대한임상독성학회지 2006:4(1):48-51]

(제목) 봄나물 섭취 후 이상행동을 주요 증상으로 내원한 환자 1예

(내용) 50세 여자가 미치광이풀을 식용나물인 당개지치(지장나물)로 오인하여 생으로 섭취한 직후부터 복통이 발현하였으며 이후에 의식장애, 환각, 이상행동 등이 발현하였다. 신경안정제(로라제팜과 할로페리돌)을 투여하면서 보존적 치료를 시행하였으며, 내원 9시간째에 의식이 회복되었고 다음날 퇴원하였다.

[대한임상독성학회지 2005:3(2):79-85]

(제목) 야생식물 중독의 임상 양상

(내용) 2004년 4~6월간 12명의 독초중독 환자가 발생하였는데, 6명이 박새풀, 4명이 개발나물, 3명이 미치광이풀, 2명이 동의나물에 의한 것이었다.

(매일신문 2007.04.22) (알기쉬운 독초, 독버섯 p29)

2007년 4월 22일 산악회원 10여 명이 영천 보현산에 등산을 갔다가 미치광이풀을 천궁잎으로 잘못 알고 캐서 쌈을 싸서 먹은 뒤 눈동자가 풀리면서 발작을 일으켰다. 병원에서 3일 동안 병원치료를 받은 후에 퇴원하였다.

2. 대극과 (Euphorbiaceae)

❀ 대극

뿌리가 맵고 쓰기 때문에 목구멍을 몹시 자극한다고 하여 한자로 대극(大戟)이라고 부르게 되었다.

일반명 : 능수버들, 버들옻, 우독초, (경대극, 장군초, 용호초, 묘안초, 등태초)

학 명 : *Euphorbia pekinensis* Rupr.

분 류 : 대극과

분 포 : 산, 들 (경기, 충남, 경상도, 전남)

높 이 : 20~70 cm (여러해살이풀)

개 화 : 6월 (노란색)

열 매 : 7~8월

생약명 : 대극, (공거, 택경)

독성분 : 뿌리에 euphorbic acid, euphorbon, euphorin 등이 함유되어 있는데, 에우포르빈산 무수물은 설사작용이 있다.

V / S : 호흡장애

증 상 : 접촉성 피부염, 소화기증상, 신경증상과 호흡장애 등이 나타난다. 때로는 간기능 장애와 신기능 이상 등의 합병증이 동반되기도 한다. 특히, 임신부에게는 중증의 독작용을 나타내는 것으로 보고되고 있다.

분 류	증상 / 징후
신경, 중추성	의식장애, 환청, 환시, 발작, 구음장애, 행동장애, 초조(agitation) 등
신경, 말초성	구강건조, 구역질, 구토, 장음감소, 산동, 시력장애, 눈부심, 피부홍조, 고열, 요폐(urinary retension) 등
소화기계	구호, 구역질, 복통, 설사 등
피부계	접촉성 피부염
기 타	횡문근융해증, CK 증가

검 사 : 간기능검사, 신기능검사

치 료 : 해독제는 없으며, 경구로 섭취한 경우에는 초기에 독성제거술(위세척, 활성탄)을 시행하면서 증상에 따라서 보존적인 치료를 한다.

결 과 : 현재까지 국내에서는 대극에 의한 사망사례나 중독사례가 발표된 논문이 없다.

증례

[경희의학 1993:9(2):170-178]

(제목) 감수와 대극이 임신에 미치는 영향

(내용) 동물실험에서 감수는 난자착상을 감소시켰고, 대극과 감수는 황체호르몬 수치를 감소시켰으며, 혈중 BUN, SGOT, SGPT, alkaline phosphatase, uric acid 등을 증가시켰다. 이상의 결과로, 대극과 감수는 임신중에 금기해야 할 약재이다.

✽ **암대극** : 대극의 유사종으로 독성이 강하다.

▲암대극

◀암대극

✿ 참대극

일반명 : 조선대극, 참등대풀, 참버들옻
학 명 : *Euphorbia lucorum* Rupr.
분 류 : 대극과
분 포 : 산야 (강원도 이북)
높 이 : 25 cm (여러해살이풀)
개 화 : 5~7월 (녹황색)
열 매 : 7~8월
생약명 : 대극, (공거, 택경)
기 타 : 독성분, 중독증상, 치료법 등은 대극과 동일하다(page 35 참조).

✲ 피마자

일반명 : 아주까리, (대마자, 비마자, 양황두, 피마주)
학 명 : *Ricinus communis* L.
분 류 : 대극과
분 포 : (재배용)
높 이 : 2 m (한해살이풀)
개 화 : 8~10월(연한 황색, 붉은 색)
열 매 : 10월
생약명 : 피마자
독성분 : 주요 독성분은 glycoprotein인 리신(ricin)과 알칼로이드인 ricinine이며, 리신은 렉틴(lectin)이라는 단백질의 일종이다. 리신은 청산가리(시안화수소)의 6,000배 독성을 지니며, 리신의 치사량은 7 mg 정도이다. 리신은 잎과 씨에 많이 함유되어 있는데, 특히, 씨에 독이 집중되어 있으므로 생식하면 매우 위험하다.
병 태 : 피마자는 설사작용이 있는데, 씨의 기름이 알카리성 장액에 의해서 리시놀산과 글리셀린으로 물이 분해되는 과정에서 생긴다. 리씨놀산은 알카리성 장액에 의해서 리씨놀비누로 되므로 이것이 소장을 자극하여 피마자 기름을 먹은 다음 5~6시간 지나면 설사가 나온다. 피마자를 생으로 먹으면 중독작용이 나타나지만, 리신을 열처리하면 쉽게 변성되므로 독성이 거의 사라진다.
발 병 : 피부접촉 혹은 우발적인 경구 섭취로 중독되기도 한다. 잎을 말려서 충분히 물로 우려낸 후에는 나물로 식용도 하지만, 열매나 씨는 생식하지 말아야 한다.
발 현 : 섭취한 직후부터 증상이 발현할 수 있다.
증 상 : 소화기 증상이 주로 나타나며, 심한 경우에는 간독성과 신독성의 합병증에 의한 증상도 동반될 수 있다. 피부에 접촉한 경우에는 알레르기성 피부염을 유발할 수 있다.

분류	증상 / 징후
소화기계	구역질, 구토, 식욕감퇴, 복통, 설사, 혈변
피부계	알레르기 피부염
신경계	우울, 의식장애, 경련, 근육강직, 혼수
기타	간기능저하, 신기능저하, 전해질 이상, 탈수, 발한

검 사 : 간기능검사, 신기능검사, 전해질검사
치 료 : 해독제는 없으며, 경구로 섭취한 경우에는 초기에 독성제거술(위세척, 활성탄)을 시행하면서 증상에 따라서 보존적인 치료를 한다.
결 과 : 경증의 설사부터 시작하여 심하면 저체액성 쇼크로 인하여 사망할 수 있다.

증례

[Emerg Med J 2009;26(4):301-302]

(제목) A case of ricin poisoning following ingestion of Korean castor bean

(내용) 56세 여자가 변비치료를 위하여 피마자 열매 5 조각을 먹고 5시간 후부터 심한 구토와 구역질이 발현하여 응급실에 내원하였다. 소변검사에서 RBC 3^{+}가 관찰되었고 혈중 ricin level은 0.06 mg이었다. 보존적 치료로 증상이 호전되어 입원 3일째에 귀가하였다.

[Ann Emerg Med 1990;19(10):1177-1183]

(제목) Castor bean intoxication

(내용) 피마자 열매 4조각을 먹은 성인 2명과 2조각을 먹은 소아 1명에서 탈수 및 전해질장애, 위장관출혈, 저혈당증, 용혈 등의 중증 장염(gastroenteritis)이 발생하였으며, 수액치료 등의 보존적 치료로 모두 호전되었다.

✽ 속수

일반명 : -
학 명 : *Euphorbia lathyris* L.
분 류 : 대극과
분 포 : 남부지방(재배)
높 이 : 1 m (두해살이풀)
개 화 : 여름
열 매 : 가을
생약명 : 속수자, (천금자)
독성분 : 종자에는 diterpenoid 독성분들(ingenol-3-hexadecanoid, euphorbon, euphol, isoeuphorbol, euphorbiosteroid 등)이 함유되어 있다. 설사를 유발하는 euphobiosteroid가 주요 독성이며, 다른 성분인 20-hexadeacnoylingenol은 암을 유발하는 발암물질로 추정되고 있다.
발 현 : 섭취하고 1~3시간이 경과하면 중독증상이 발현한다.
V / S : 심한 경우에는 혈압저하, 빈맥, 호흡곤란 등을 유발한다.
증 상 : 소화기계 통의 장기에 대한 자극작용이 강하여 구토와 설사를 유발하고, 피마자보다 3배 정도의 강한 자극효과를 지닌다. 또한, 중추신경계에도 유독하여 경련 등의 신경증상을 유발하기도 한다. 종자는 독성이 강하고 식물체의 즙액이 피부에 닿으면 물집이 생기므로 주의해야 한다.
치 료 : 초기에 독성제거술(위세척, 활성탄 투여 등)을 시행하고, 보존적 치료를 병행한다.

증례

[동서의학 2008:33(4):1-12]

(제목) 속수자(천금자)의 독성에 관한 문헌적 고찰

(내용) 속수의 종자를 속수자라고 하는데 구토를 유발하고, 독성이 강하여 소아는 2~3개의 종자를 먹어도 중독증상이 발현한다. 설사와 구토를 유발하는 독성분은 euphobiasteroid이며, 다른 성분인 20-hexadeacnoylingenol은 암을 유발한다. 또한, 중추신경계에도 독작용을 나타내어 경련을 유발한다.

3. 미나리아재비과 (Ranunculaceae)

✽ 동의나물

물가에서 자라며 잎을 오므리면 물을 한 동이쯤 담을 수 있다고 하여 붙여진 이름이고, 독이 강하다고 하여 독의나물로 명명하다가 동의나물로 되었다는 견해도 있다.

일반명 : 누은동의나물, 눈동의나물, 산동의나물, 원숭이도의나물, 좀동의나물, 참동의나물, (동이나물, 입금화)

학 명 : *Caltha palustris* L. var. *palustris*

분 류 : 미나리아재비과

분 포 : 습지

높 이 : 60 cm (여러해살이풀)

개 화 : 4~5월 (노랑색)

열 매 : 7~8월 (암갈색)

생약명 : 여제초, 마제초, (수호려)

감 별 : 잎 모양이 식용식물(혹은 약초)인 곰취, 취나물, 곤달비와 닮았다. 동의나물은 습지나 물가에서 자라며 봄에 꽃이 피지만, 곰취는 산기슭에서 자라며 가을에 꽃이 핀다(page 18 참조).

독성분 : 코닌(coniine)계열의 알칼로이드(alkaloid), 사포닌(sapoinin), 아네모닌(anemonin), 아르기닌(arginin), 콜린(cholin) 등이 함유되어 있다.

발 병 : 동의나물을 식용나물(곰취 등)로 오인하여 섭취하였다가 중독된다. 일부 지방에서는 어린 잎을 먹기도 하지만 동의나물은 독성이 강하므로 가급적 식용하지 않는 것이 바람직하다.

발 현 : 섭취 초기부터 증상이 발현한다.

V / S : 서맥, 저혈압

증 상 : 소화기 증상과 신경증상이 나타나며, 혈압저하는 2~3일간 지속된다.

분류	증상 / 징후
소화기계	구역잘, 구토, 복통 등
심혈관계	서맥, 혈압저하
신경계	현훈, 어지럼증 등

검 사 : 심전도

치 료 : 해독제는 없으며, 경구로 섭취한 경우에는 초기에 독성제거술(위세척, 활성탄)을 시행하면서 증상에 따라서 보존적인 치료를 한다. 혈압저하가 심한 경우에는 혈압상승제(dopamine)를 투여한다.

결 과 : 소화기 증상은 보존적 치료로 수 시간부터 호전되지만, 저혈압은 수일간 지속된다.

증례

[대한임상독성학회지 2004:2(1): 41~44]

(제목) 동의나물 섭취후 발생한 서맥을 동반한 쇼크 2 예

(내용) 71세 여자가 3시간 전에 동의나물을 먹은 후부터 오심, 구토, 복통이 발현하였으며 생체징후가 불안정하고(BP 47/33 mmHg, PR 35/min, RR 20/min, 의식명료), 혈중 크레아티닌이 1.4 mg/dl로 약간 높았으나 도파민 투여(10~20 ug/kg/min)와 보존적 치료로 회복되었다. 51세 여자도 35시간 전에 동의나물을 먹고 오심, 구토, 복통 등이 발현하였고,

불안정한 생체징후(BP 83/52 mmHg, PR 48/min, RR 20/min, 의식명료)였으나, 도파민 투여(10~20 ug/kg/min)와 보존적인 치료로 2일만에 회복되었다.

[대한임상독성학회지 2005:3(2):79-85]

(제목) 야생식물 중독의 임상 양상

(내용) 2004년 4~6월간 12명의 독초중독 환자가 발생하였는데, 이중 6명이 박새풀, 4명이 개발나물, 3명이 미치광이풀, 2명이 동의나물에 의한 것이었다. 동의나물 중독의 경우에는 소화기 증상이 주로 나타나다가 4~5시간 후부터 호전되며, 저혈압과 서맥은 도파민 투여로 회복되지만 도파민을 중단하면 다시 재발하여 2~3일간 지속되었다.

✽ 미나리아재비

미나리와 비슷하다고 하여 명칭의 뒤에 아재비(아저씨의 방언)라는 단어가 붙었다.

일반명 : 놋동이, 바구지, 자래초, (노동이, 놋동우, 애기젓가락풀)

학　명 : *Ranunculus japonicus* Thunb.

분　류 : 미나리아재비과

분　포 : 볕이 잘 들고 습기가 있는 곳

높　이 : 40~50 cm (여러해살이풀)

개　화 : 6월 (노란색)

열　매 : 8~10월

생약명 : 모간, 모랑

감　별 : 미나리 (미나리의 잎은 깃털모양이고, 미나리아재비의 잎은 오각형 심장형이며 3개로 갈라진다)

독성분 : 유독성분은 전초(全草)에 분포하는데, 주요 독성분은 protoanemonin과 anemonin이다. 식물이 손상되면 glycoside ranunculin 성분이 protoanemonin으로 전환되면서 자극 피부염을 유발하며, 다른 독성분인 anemonin은 강력한 심혈관계 독성을 나타낸다.

발　병 : 경구로 섭취하여 중독되는 경우가 많지만 피부에 접촉되어 중독되기도 한다. 일부 지방에서는 미나리아재비의 연한 잎을 조리하여 먹기도 하지만, 독성이 강한 식물이므로 식용하지 않는 것이 바람직하다.

발　현 : 대개는 섭취 후 수 분부터 증상이 발현한다.

V / S : 혈압저하, 서맥, 빈백, 부정맥, 호흡장애 등

증　상 : 초기 증상은 소화기 증상으로 시작하는데, 입의 심한 통증이나 감각이상, 심한 복통이 나타난다. 1시간 정도 경과하면 심한 구토가 발현하면서, 심혈관계 기능장애가 동반되며, 초기에 의식은 비교적 명료하다.

분 류	증상 / 징후
소화기계	입의 통증과 감각이상, 복통, 구토
심혈관계	서맥/빈맥, 혈압저하, 심방차단, 각차단, 심실빈맥, 심실세동, 무수축
신경계	감각신경장애, 운동신경장애 (의식은 비교적 명료)
호흡계	호흡기능 저하 피부계 자극 피부염 (통증, 홍반, 수포 등)
기타	발한

검　사 : 심전도

치　료 : 해독제는 없으며, 경구로 섭취한 경우에는 독성제거술(위세척, 활성탄)을 시행하면서 증상에 따라서 보존적인 치료를 한다.

증상 / 징후	치료방법
혈압저하	수액 투여, 도파민 투여
호흡장애	필요시 인공호흡기를 적용
부정맥	서맥 : 아트로핀 투여 다형성 심실빈맥 : 마그네슘 투여 심실부정맥 : 투약(리도카인, 아미오다론), 필요시 혈액관류 고려 무수축 : 심폐소생술

결　과 : 증상은 수일간 지속되며, 때로는 사망하기도 한다.

증 례

[대한피부과학회지 2006:44(8):988-990]

(제목) 미나리아재비에 의한 자극 피부염 1예

(내용) 78세 여자가 관절염의 민간치료요법을 위하여 미나리아재비를 찧어서 피부에 도포하였으며, 8시간 후에 도포한 피부의 통증 및 홍반, 수포가 동반되었다. 진단은 자극피부염이었으며, 화상에 준하는 치료를 시행하고 10일이 경과하면서 호전되었다.

[Int J Dermatol 1998:37:321-334]

(제목) Botanical dermatology

(내용) 미나리아재비과 식물들은 glycoside ranunculin 성분을 함유하고 있는데, 식물이 손상을 받으면 glycoside ranunculin 성분이 protoanemonin으로 전환되고, protoanemonin은 화학작용을 유발하여 자극 피부염을 일으킨다.

모데미풀

전라도 남원시 운봉면 모데미란 마을에서 처음 발견되었기에 붙여진 이름이다.

일반명 : 금매화아재비, 운봉금매화
학　명 : *Megaleranthis saniculifolia* Ohwi
분　류 : 미나리아재비과
분　포 : 깊은 산 습지 부근 (광덕산, 덕유산, 설악산, 안동지역, 지리산 등)
높　이 : 20~40 cm (여러해살이풀)
개　화 : 4~5월 (흰색)
열　매 : 6~7월
기　타 : 매우 희귀한 식물로 보호되고 있다.

백부자

일반명 : 노랑돌쩌귀, 노랑바꽃

학 명 : *Aconitum koreanum* R. Raymond

분 류 : 미나리아재비과

분 포 : 풀밭, 관목숲

높 이 : 1 m (여러해살이풀)

개 화 : 7~8월 (노란색, 갈색)

열 매 : 8~9월

생약명 : 백부자, 관백부, (부자)

감 별 : 왜당귀와 유사한데, 백부자의 잎은 단엽으로 3~5개로 갈라지고 잎 가장자리는 뾰족하다. 왜당귀의 잎은 3개씩 1~3회 우상으로 갈라지며, 소엽은 가장자리에 예리한 톱니가 있고 깊게 3개로 갈라진다.

독성분 : 주요 독성분인 알칼로이드의 aconitine 함량은 생뿌리에 2~5%로 가장 많고, 잎에 1~2.5%, 줄기에 0.5~1% 있는데 싹이 날 때 함량이 가장 높다. 아코니틴 이외에도 higenamine, hypaconitine, mesaonitine, coryneine의 독성분이 포함되어 있다.

병 태 : 아코니틴계 알칼로이드(aconitine, higenamine, hypaconitine, mesaonitine, coryneine 등)가 물분해되면 유기산이 떨어지면서 아미노알콜형의 알칼로이드가 생성되는데 이를 아루카민이라고 한다. 아코니틴이 피부나 점막에 접촉하면 초기에는 신경계를 자극하다가 후기에는 마비시킨다. 경구로 섭취하게 되면 심혈관계, 호흡계, 신경계에 주로 작용한다. 중추신경계의 cardio-inhibitory center를 자극하다가 나중에는 심장근육이나 심장의 신경절에 직접 독작용을 나타내며, 호흡중추에도 직접 작용하여 호흡기능이 저하된다.

발 병 : 경구로 섭취하여 중독되는 경우가 많지만 피부에 접촉되어 중독되기도 한다.

발 현 : 대개는 섭취 후 수 분부터 증상이 발현한다.

V / S : 혈압저하, 서맥, 빈백, 부정맥, 호흡장애 등

증 상 : 초기 증상은 소화기 증상으로 시작하는데, 입의 심한 통증이나 감각이상, 심한복통이 나타난다. 1시간 정도 경과하면 심한 구토가 발현하면서, 중증의 운동신경장애와 감각기능장애가 동반되지만 초기에는 의식이 비교적 명료하다. 메스아코니틴에 의하여 미주신경의 긴장으로 보이는 타액분비 증가, 동공축소, 혈관확장, 눈물과다 등이 발현할 수 있다. 아코니틴을 피부에 바르면 처음에는 가려움증이 있고 점차 마비작용이 있다.

분류	증상 / 징후
소화기계	입의 통증과 감각이상, 복통, 구토
심혈관계	서맥/빈맥, 혈압저하, 심방차단, 각차단, 심실빈맥, 심실세동, 무수축
신경계	감각신경장애, 운동신경장애, 미주신경 흥분, 의식장애
호흡계	호흡기능 저하
기 타	발한 등

검 사 : 심전도

치 료 : 해독제는 없으며, 증상에 따라서 보존적인 치료를 한다.

증상 / 징후	치료방법
혈압저하	수액 투여, 도파민 투여
호흡장애	필요시 인공호흡기를 적용
부정맥	서맥 : 아트로핀 투여 다형성 심실빈맥 : 마그네슘 투여 심실부정맥 : 투약(리도카인, 아미오다론), 필요시 혈액관류 고려 무수축 : 심폐소생술

결 과 : 증상은 수일간 지속되며, 때로는 사망하기도 한다.

증 례

[동서의학 2001:26(3):41-49]

(제목) 백부자의 독성에 관한 문헌적 고찰

(내용) 백부자에 중독되면 구강마비, 사지마비, 불안증 등이 나타나다가, 증상이 심해지면 구역질, 구토, 복통이 발현하고, 나중에는 호흡기능과 순환기능이 저하되면서 결국 사망하게 된다.

✽ 진범

진나라의 진(秦)과 작은 짐승모양의 한자어 봉(艽)이 합쳐진 글로서, 작은 짐승을 닮은 식물이라는 의미였는데, 발음하는 과정에서 진봉이 진범으로 바뀐 것으로 추정된다.

일반명 : 진교, 줄오독도기, 줄바꽃, (망사초, 진봉)

학 명 : *Aconitum pseudolaeve* Nakai

분 류 : 미나리아재비과

분 포 : 산지

높 이 : 30~80 cm (여러해살이풀)

개 화 : 7~8월 (자주색)

열 매 : 9~10월

생약명 : 진교, 한진교

독성분 : 뿌리에는 C_{19}-diterpene계 alkaloid인 aconitine, acolytine, avaharidien, lycoctonine, lycaconitirne, myoctonine, septentriodine 등이 함유되어 있으며, aromatic amide인 2종의 anthranilate도 함유되어 있다. 독성이 강해도 가열하면 독성의 90% 정도가 거의 소실된다.

병 태 : Aconitine의 작용기전은 세포막의 전압 sensitive Na^+ 통로를 지속적인 활성화 상태로 유지하게 함으로써 세포내의 Na^+를 증가시켜 지속적으로 탈분극시키고 재분극을 방해한다. 신경계에서는 감각 및 운동의 신경축삭돌기에 있는 Na^+ 통로에 영향을 미쳐 입 주위의 감각 이상증이나 전신 마비 등의 증상을 유발한다. 직접적으로 심근수축력에 영향을 주며, Na^+과 Ca^{2+} 교환을 통한 세포내 Ca^{2+} 증가로 인해 심방 심실의 전도저하를 초래하고 이로 인해 자동성이 활성화되어 부정맥을 일으킨다.

발 병 : 경구로 섭취하여 중독되는 경우가 많지만 피부에 접촉되어 중독되기도 한다.

발 현 : 대개는 섭취 후 수 분부터 증상이 발현한다.

V / S : 혈압저하, 서맥, 빈백, 부정맥, 호흡장애 등

증 상 : 초기 증상은 구강통증과 복통으로 시작하는데, 1시간 정도 경과하면 심한 구토가 발현한다. 이후 중증의 운동신경장애와 감각기능장애가 동반되지만 초기에는 의식이 비교적 명료하다.

분 류	증상 / 징후
소화기계	입의 통증과 감각이상, 복통, 구토
심혈관계	서맥/빈맥, 혈압저하, 심방차단, 각차단, 심실빈맥, 심실세동, 무수축
신경계	감각신경장애, 운동신경장애, 의식장애
호흡계	호흡기능 저하
기 타	발한 등

검 사 : 심전도

치 료 : 해독제는 없으며, 경구로 섭취한 경우에는 초기에 독성제거술(위세척, 활성탄, 하제)을 시행하면서 증상에 따라서 보존적인 치료를 한다.

증상 / 징후	치료방법
혈압저하	수액 투여, 도파민 투여
호흡장애	필요시 인공호흡기를 적용
부정맥	서맥 : 아트로핀 투여 다형성 심실빈맥 : 마그네슘 투여 심실부정맥 : 투약(리도카인, 아미오다론), 필요시 혈액관류 고려 무수축 : 심폐소생술

결 과 : 증상은 수일간 지속되며, 때로는 사망하기도 한다.

증 례

[생약학회지 1996:27(1):75-79]

(제목) 진범의 식물화학적 성분

(내용) 진범의 뿌리에는 C_{19}-diterpene계 alkaloid인 avaharidien, lycoctonine, septentriodine 등이 있으며, aromatic amide인 2종의 anthranilate가 함유되어 있다.

✽ 흰진범

꽃색깔이 흰색이어서 흰진범이라고 한다.

일반명 : 흰진교
학　명 : *Aconitum longecassidatum* Nakai
분　류 : 미나리아재비과
분　포 : 산지 (경기도 광릉, 지리산)
높　이 : 50~100 cm (여러해살이풀)
개　화 : 8월 (황백색)
열　매 : 9월
생약명 : 진교
기　타 : 독성분, 중독증상, 치료법 등은 진범의 내용과 같다 (page 50 참조).

증례

(연합뉴스 / KBS 뉴스, 2004.04.13)
산나물을 먹은 경북 양양지역 주민 6명이 2시간 후부터 복통, 설사, 구토 등으로 입원하였으며, 이중 1명은 부정맥 등으로 중태이고, 원인독초는 흰진범으로 밝혀졌다.

❀ 투구꽃

꽃의 모양이 로마병정의 투구를 닮았다고 하여 붙여진 이름이다.

일반명 : 개싹눈바꽃, 그늘돌쩌귀, 선투구꽃, 싹눈바꽃, 세잎돌쩌귀, 진돌쩌귀

학 명 : *Aconitum jaluense* Kom. subsp. *jaluense*

분 류 : 미나리아재비과

분 포 : 깊은 산골짜기

높 이 : 1 m (여러해살이풀)

개 화 : 9월 (자주색)

열 매 : 10월

생약명 : 초오, 초오두

※ 초오(부자, 오두)는 미나리아재비과 식물 중 투구꽃, 지아비꽃 등의 뿌리를 말한다.

감 별 : 새싹은 식용식물인 붉은참반디의 싹과 유사하므로 주의해야 한다.

독성분 : 아코니틴(aconitine)이 주요 독성분이며, aconitium의 종류와 재배시간, 가공방법에 의해서 독성이 결정된다. 예를 들면, 끓이면 독성의 90% 정도가 없어진다.

병 태 : Aconitine의 작용기전은 세포막의 전압 sensitive Na^+ 통로를 지속적인 활성화 상태로 유지하게 함으로써 세포내의 Na^+를 증가시켜 지속적으로 탈분극 시키고 재분극을 방해한다. 신경계에서는 감각 및 운동의 신경축색돌기에 있는 Na^+통로에 영향을 미쳐 입 주위의 감각 이상증이나 전신 마비 등의 증상을 유발한다. 또한, 직접적으로 심근수축력에 영향을 주며, Na^+과 Ca^{2+} 교환을 통한 세포내 Ca^{2+} 증가로 인해 심방과 심실의 전도저하를 초래하고 이로 인해 자동성이 활성화되어 빈맥과 부정맥을 일으킨다.

발 병 : 초오환약, 초오가루, 초오 끓인 물, 초오술(초오를 술에 섞어 마심) 등에 의하여 중독되기도 한다.

발 현 : 대개는 섭취 후 수분부터 증상이 발현한다.

V / S : 혈압저하, 서맥, 빈백, 부정맥, 호흡장애 등이 발생할 수 있다.

증 상 : 초기 증상은 구강통증과 복통으로 시작하는데, 1시간 정도 경과하면 심한 구토가 발현한다. 이후 중증의 운동신경장애와 감각기능장애가 동반되지만 초기의 의식은 비교적 명료하다. 아코니틴이 피부나 점막에 접촉하면 초기에는 신경계를 자극하다가 후기에는 마비시킨다.

분 류	증상 / 징후
소화기계	입의 통증과 감각이상, 복통, 구토 등
심혈관계	서맥/빈맥, 혈압저하, 심방차단, 각차단, 심실빈맥, 심실세동, 무수축
신경계	감각신경장애, 운동신경장애, 의식장애
호흡계	호흡기능 저하
기 타	발한 등

검 사 : 심전도

치 료 : 해독제는 없으며, 경구로 섭취한 경우에는 독성제거술(위세척, 활성탄, 하제)을 시행하면서 증상에 따라서 보존적인 치료를 병행한다.

증상 / 징후	치료방법
혈압저하 호흡장애 부정맥	수액 투여, 도파민 투여 필요시 인공호흡기를 적용 서맥 : 아트로핀 투여 다형성 심실빈맥 : 마그네슘 투여 심실부정맥 : 투약(리도카인, 아미오다론), 필요시 혈액관류 고려 무수축 : 심폐소생술

결 과 : 증상은 수일간 지속되며, 때로는 사망하기도 한다.

증 례

[대한응급의학회지 2008:19(3):339-345]

(제목) 밀주를 마신 후 발생한 집단 초오중독

(내용) 초오를 넣은 밀주를 마시고 수 분 후에 중독증상이 발생한 15명의 환자증례이다. 이중 9명에서는 심전도에서 부정맥이 관찰되었으며, 일부 환자들은 심한 혈압저하로 인하여 혈압상승제를 투여해야 했다. 대부분의 환자들은 보존적 치료로 48시간 후부터 증상이 소실되었다.

[대한응급의학회지 2002:13(2):175-180]

(제목) 초오가 포함된 단방약에 의한 Aconitine 중독

(내용) 초오 중독환자 30명을 분석한 결과, 환자의 50%에서 혈압저하가 발생하였고 29명(37%)에서 부정맥이 관찰되었는데 병원 내원 24시간 이내에 정상적으로 회복되었다. 초기 증상들은, 오심과 구토가 23예(77%)로 가장 많았고, 손발 저림 10예(33.3%), 흉통 7예(23%) 등이었다.

[대한응급의학회지 2002:13(1):55-60]

(제목) 초오 중독 환자에서 심혈관계 변화에 대한 고찰

(내용) 중독환자 13명은 중노년층으로서 관절염과 소화기계의 민간치료 방법으로 초오를 복용했으며, 주증상은 심계항진, 오심과 구토, 전신감각 이상 등이었다. 부정맥으로는 방실접합부 이탈박동과 심실조기박동이 가장 많았으며, 2예에서는 혈청 심근효소가 증가하였다.

[대한내과학회지 1998:55(6): 1093-1096]

(제목) Aconitine 중독에 동반된 일시적 사지마비 및 저칼슘증 1예

(내용) 36세 여자가 초우환(한방약) 30알을 먹고 30분 후부터 구강주위 둔감과 발음장애가 나타나다가 1시간 후부터 전신마비가 동반되었다. 의식은 명료하였으나 혈압은 낮았고(90/60 50/0 mmHg), 심전도에서 다발성 심실조기박동과 방실접합부 조기박동 및 심실세동이 관찰되었으며, 이온화 칼슘이 0.89 mEq/L였다. 수액치료 및 기관삽관 등과 함께 리도카인, 아크로핀, 칼슘 등의 치료를 시행하여 회복되었다.

[대한응급의학회지 1997:8(3):434-440]

(제목) 초오 섭취 후 발생한 심실빈맥 1예

(내용) 67세 남자가 초오로 담근 술을 먹고 1시간 후부터 오심, 구토, 복통, 흉통 등이 발생하였다. 혈압은 약간 낮았으며 심전도에서 심실빈백이 관찰되었고, 리도카인을 2차례 투여하였으나 부정맥이 지속되어 cardioversion을 시행하였으나 심실빈맥은 지속되었다. 입원 8시간이 지나면서 자연적으로 정상 동조율로 회복되었으며, 입원 5일째 모든 증상이 소실되었다.

[대한응급의학회지 1995:6(1):154-161]

(제목) 초오중독환자의 임상적 고찰

(내용) 초오중독환자 12명의 심혈관 증상에 대하여 집중적으로 분석하였다. 환자들은 초오 복용후 12시간 전후에 혈압이 가장 낮았으며, 24시간이 경과하면서 혈압이 정상으로 회복되었고, 중증의 혈압저하가 발생한 8명중 1명은 허혈성 심장질환이 발생하였다. 모든 환자들은 1개 이상의 부정맥이 동반되었으며, 퇴원시까지 정상으로 회복되었다.

[연합뉴스 2006.03.10]
강원도를 관광 중이던 관광객 21명이 초오로 담근 술을 먹고 흉통, 소화기증상, 안면마비 등이 발현하여 인근병원에 입원하였는데, 이중 2명은 혈압이 떨어져 위독한 상태이다.

흰투구꽃 : 투구꽃의 유사종으로 독성이 강하다.

◀흰투구꽃

▲흰투구꽃

✽ 노랑투구꽃

일방명 : 오돌또기
학 명 : *Aconitum sibiricum* Poir.
분 류 : 미나리아재비과
분 포 : 깊은 산골짜기 (강원도, 함경도)
높 이 : 1 m (여러해살이풀)
개 화 : 8~9월 (노란색)
열 매 : 10월
생약명 : 초오, 초오두
기 타 : 독성분, 중독증상, 치료법 등은 투구꽃과 거의 동일하다(page 53 참조).

✽ 놋젓가락나물

줄기가 질기고 억세서 마치 젓가락과 같다고 하여 붙여진 이름이다.

일반명 : 선덩굴바꽃, (놋젓가락풀, 생부자, 토부자)

학　명 : *Aconitum ciliare* DC.

분　류 : 미나리아재비과

분　포 : 볕이 잘 드는 습지

높　이 : 길이 2 m (여러해살이풀), 옆으로 눕는다.

개　화 : 8~9월 (연한 자주색)

열　매 : 10월

생약명 : 초오

독성분 : 알칼로이드 계통의 맹독성인 아코니틴과 함께 ranunculin과 protoanemonin이라는 glycoside 성분이 주요 독성분이다.

발　병 : 어린 순은 식용이 가능하지만 끓는 물에 데친 후 2~3일간 흐르는 물에 우려내야만 유독성분이 빠진다. 독성이 강하므로 가급적 먹지 않는 것이 바람직하다.

증　상 : 섭취시 소화기증상(구역질, 구토, 복통 등)이 주로 나타나고, 식물의 줄기를 자르면 유액이 나오는데 피부에 접촉되면 피부염을 유발한다.

치　료 : 해독제는 없으며, 증상에 따라서 보존적 치료를 시행한다.

✿ **동강할미꽃** : 할미꽃의 유사종으로 독성이 강하다.

◀동강할미꽃

▲동강할미꽃

4. 백합과 (Liliaceae)

✽ 박새

일반명 : 꽃박새, 넓은잎박새, 묏박새
학　명 : *Veratrum oxysepalum* Turcz.
분　류 : 백합과
분　포 : 깊은 산 습지
높　이 : 30~100 cm (여러해살이풀)
개　화 : 6~8월 (흰색, 황백색)
열　매 : 7~8월
생약명 : 여로, 여로근
감　별 : 식용식물인 둥굴레, 산마늘과의 감별을 요한다. 박새 잎의 아랫부분은 줄기를 감싸고 잎 가장자리에 털이 있으며, 잎은 맥이 많고 주름이 뚜렷하다(page 20 참조).
독성분 : 스테로이드성 알칼로이드인 베라트린(veratrin)과 alkamine alkaloid가 주요 독성분이며, 주로 줄기나 뿌리에 존재한다. 베라트린계(veratrin) 알칼로이드 성분으로는, 루비예르빈(rubijervin), 거짓예르빈(pseudojervin), 프로토베라트린(protoveratrin), 베라트리딘(veratridin), 예르빈(jervin) 등이 포함되어 있고, ceveratrum 알칼로이드도 함유되어 있다.
병　태 : 스테로이드성 알칼로이드는 갑작스러운 심부전과 심정지를 초래할 수 있고, 알칼로이드는 혈관의 운동중추를 억제함으로써 혈압을 하강시킨다. Ceveratrum 알칼로이드는 좌심실 후벽의 구심성수용체(afferent receptor)와 관상정맥군(coronary sinus)의 압력수용체 부위에 작용하여 말초의 알파아드레날린 수용체의 긴장도를 낮추어 혈압을 저하시킨다.
발　병 : 박새를 식용나물(산마늘 등)로 오인하여 섭취하다가 중독되는 경우가 많다.
발　현 : 섭취 30~120분 후부터 중독증상이 나타난다.
V / S : 혈압저하, 서맥, 부정맥, 호흡장애
증　상 : 소화기증상과 신경증상으로 시작하여 점차 증상이 악화되는데, 특히, 심혈관계 증상과 신경증상이 심해진다.

분 류	증상 / 징후
소화기계	구역질, 구토, 설사, 복통
심혈관계	ST 및 T파의 변화, 동방차단, 방실차단, QT 간격 연장, 심실빈맥
신경계	실신, 감각이상, 속상수축(fasciculation), scotoma, 과반사, 현훈, 발작, 근육경직, 혼수, 사망

검　사 : 심전도
치　료 : 경구로 섭취한 경우에는 독성제거술(위세척, 활성탄, 하제)을 시행하면서 증상에 따라서 보존적인 치료를 한다.

증상 / 징후	치료방법
혈압저하	수액 투여, 도파민 투여
호흡장애	필요시 인공호흡기를 적용
부정맥	서맥 : 아트로핀 투여
	다형성 심실빈맥 : 마그네슘 투여
	심실부정맥 : 투약(리도카인, 아미오다론), 필요시 혈액관류 고려

결 과 : 대부분 24~40시간 이내에 증상이 호전되지만, 간혹 사망하기도 한다. 도파민 투여시 저혈압은 수시간 이내에 호전되지만, 신경증상은 3~4일간 지속된다.

증례

[대한내과학회지 2006:70(2):212-215]

(제목) 일가족에서 발생한 박새풀 중독의 5예

(내용) 일가족 5명이 독초인 박새를 식용식물인 산마늘로 오인하여 산에서 채취한 후 쌈으로 싸 먹었으며, 20분이 경과하면서 구토, 흉통, 어지러움, 시야장애 등이 발현하였다. 응급실 내원시 저혈압(60/40 mmHg)과 함께 심실빈맥 등이 발생하여 심폐소생술을 시행하면서 기계적 환기를 하였으며, 입원 2일째에 인공호흡기를 이탈하고 7일째에 증상이 모두 소실되었다.

[대한임상독성학회지 2005:3(2):114-118]

(제목) 박새풀에 의한 집단 급성 중독

(내용) 일가족 5명이 산마늘로 오인하여 박새풀을 복용한 후 심각한 부작용을 나타냈으나 가족 모두 후유증 없이 회복되었다.

[대한임상독성학회지 2005:3(2):79-85]

(제목) 야생식물 중독의 임상 양상

(내용) 2004년 4~6월간 12명의 독초중독 환자가 발생하였는데, 6명이 박새풀, 4명이 개발나물, 3명이 미치광이풀, 2명이 동의나물에 의한 것이었다. 박새풀의 경우에는 2시간 후부터 복통, 두통, 감각이상, 구토, 혈압저하 등이 나타났으며, 12시간 후부터 생체징후가 안정되었다.

[서울아산병원 증례 2008.04.21]

환자(51/여)는 1일전 산에서 캔 나물(박새풀을 산마늘로 오인)을 먹은 후 혈압저하, 부정맥(complete AV block), 소화기증상(구역질, 구토, 복통, 설사), 신경증상(어지러움, 하지감각이상, 혀감각이상 등)이 발현하였다. 아트로핀과 도파민을 투여하면서 수시간만에 활력징후는 안정되었고, 내원 2일후 퇴원하였다.

(연합뉴스 2008.05.15)

평창군 진부면의 한 사찰에서 스님이 박새물을 산마늘로 오인하여 나물을 만들어 먹은 후 스님과 신도 47명이 집단으로 중독증상이 나타나서 병원에 입원하였다.

(강원일보 2005.04.26) (알기쉬운 독초, 독버섯 p21)

2005년 4월 24일 서울에서 이웃이 가져온 시금치 모양의 산나물을 데쳐 쌈을 함께 먹던 주민 6명이 갑자기 구토와 심한 복통을 호소했으며, 일시적으로 호흡곤란과 저혈압 증세가 나타나 병원으로 긴급 후송돼 치료를 받았다. 이들이 먹은 풀은 독성이 강한 "박새" 인 것으로 알려졌다.

✽ 여로

검은색 식물을 의미하는 한자어인 여(藜)와 갈대를 의미하는 로(蘆)가 합쳐진 말이다.

일반명 : 감총, 녹총, 늑막풀, 삑꾹다리, 총관여로

학　명 : *Veratrum maackii* var. *japonicum* T. Shimizu

분　류 : 백합과

분　포 : 풀밭

높　이 : 40~60 cm (여러해살이풀)

개　화 : 7~8월 (자주색, 갈색)

열　매 : 8월

생약명 : 여로

감　별 : 여로의 새싹은 식용식물인 산마늘, 둥굴레, 참나리와 매우 유사하다(page 22 참조).

독성분 : 스테로이드 알칼로이드인 베라트린(veratrin)이 주요 독성분이며, maackinine도 독성을 나타내는 알칼로이드이고, 독성분들은 주로 줄기나 뿌리에 존재한다.

병　태 : 백합과 여로속은 맹독성의 스테로이드성 알칼로이드를 함유하고 있는데, 이러한 독성분은 갑작스러운 심부전과 심정지를 초래할 수 있다.

발　병 : 여로를 식용식물(산마늘, 둥굴레 등)로 오인하여 섭취하다가 중독된다(page 22 참조).

발　현 : 섭취후 30분부터 3시간 이내에 증상이 발현한다.

V / S : 혈압저하, 서맥, 부정맥, 호흡장애

증　상 : 다음과 같은 중독증상이 나타난다.

분류	증상 / 징후
소화기계	구역질, 구토, 설사, 복통
심혈관계	ST 및 T파의 변화, 동방차단, 방실차단, QT 간격 연장, 심실빈맥
신경계	실신, 감각이상, 속상수축(fasciculation), scotoma, 과반사, 현훈, 발작, 근육경직, 혼수, 사망

검　사 : 심전도

치　료 : 경구로 섭취한 경우에는 초기에 독성제거술(위세척, 활성탄)을 시행하면서 증상에 따라서 보존적인 치료를 병행한다.

증상 / 징후	치료방법
혈압저하	수액 투여, 도파민 투여
호흡장애	필요시 인공호흡기를 적용
부정맥	서맥 : 아트로핀 투여
	다형성 심실빈맥 : 마그네슘 투여
	심실부정맥 : 리도카인, 아미오다론 투여, 혈액관류 고려

결　과 : 대부분 24~40시간 이내에 증상이 호전되지만, 간혹 사망하기도 한다.

증례

(MBC TV 2009.06.16)

중독 발생 3주 전에 산악회원이 독초인 여로를 산마늘로 오인하여 산에서 독초를 캔 다음에 장아찌를 만들었으며, 중독발생 당일 산악회원들이 점심에 장아찌를 먹고 수 시간 후부터 6명에서 중독증상(구토, 복통, 하반신 마비 등)이 발현하였다.

▲박새와 여로 (좌측이 박새이고, 우측의 작은 식물이 여로이다.)

✽ 흰여로

꽃이 흰색이라서 흰여로라고 한다.

일반명 : 백여로, 파란여로

학　명 : *Veratrum versicolor* Nakai

분　류 : 백합과

분　포 : 풀밭

높　이 : 100 cm (여러해살이풀)

개　화 : 7~8월 (흰색)

열　매 : 8월

생약명 : 여로

기　타 : 독성분, 중독증상, 치료법 등은 여로와 동일하다 (page 66 참조).

✽ 삿갓나물

머리에 쓰고 다니는 삿갓과 비슷하다고 하여 삿갓나물이라고 명명되었다.

일반명 : 삿갓풀, 자주삿갓나물, 자루삿갓풀, (칠엽일지화)

학　명 : *Paris verticillata* Bieb.

분　류 : 백합과

분　포 : 숲속 그늘진 곳

높　이 : 20~40 cm (여러해살이풀)

개　화 : 6~7월 (녹색)

열　매 : 7월 (검정색, 흑자색)

생약명 : 조휴

감　별 : 식용식물인 우산나물과 매우 비슷하다(page 19 참조).

독성분 : 주요 독성분은 pariphyllin, dioscin, neochlorogenin(사포닌 계통) 등이다.

발　병 : 어린순은 나물로 먹기도 하지만 끓는 물에 데친 후 2~3일간 흐르는 물에 우려내야만 유독성분이 빠진다. 삿갓나물을 식용나물인 우산나물로 착각하여 섭취하다가 중독되기도 한다.

치　료 : 해독제는 없으며, 증상에 따라서 보존적 치료를 시행한다.

✽ 연영초

이것을 먹으면 생명을 연장한다는 의미에서 붙여진 명칭이다.

일반명 : 연령초, 왕삿갓나물, 큰꽃삿갓풀, 큰연영초, 큰연령초

학 명 : *Trillium kamtschaticum* Pall. ex Pursh

분 류 : 백합과

분 포 : 산속 그늘진 곳 (경기, 강원, 경북, 울릉도)

높 이 : 30 cm (여러해살이풀)

개 화 : 5~6월 (흰색)

열 매 : 7월

생약명 : 우아칠

증 상 : 소화기증상이 주로 나타나는 것으로 사료된다.

치 료 : 해독제는 없으며 증상에 따라서 보존적인 치료를 병행한다.

큰연영초

연영초에 비하여 잎이 커서 붙여진 이름이다.

일반명 : 연령초, 연영초, 흰삿갓나물, 흰삿갓풀, 큰연령초

학　명 : *Trillium tschonoskii* Maxim.

분　류 : 백합과

분　포 : 산속 그늘진 곳

높　이 : 20~40 cm (여러해살이풀)

개　화 : 5~6월 (흰색)

열　매 : 6월 (녹색)

생약명 : 우아칠

기　타 : 독성분, 중독증상, 치료법 등은 연영초의 내용과 같다.

✽ 은방울꽃

꽃의 모양이 은방울을 닮아서 붙여진 이름이다.

일반명 : 영란, 초롱꽃, (군영초, 녹령초, 둥구리아싹, 오월화, 초옥란, 초옥령)

학 명 : *Convallaria keiskei* Miq.

분 류 : 백합과

분 포 : 고산지대의 숲

높 이 : 30~40 cm (여러해살이풀)

개 화 : 5~6월 (흰색)

열 매 : 6~7월 (붉은색)

생약명 : 영란

감 별 : 새싹은 식용식물인 둥글레, 풀솜대, 말나리, 참나리 등과 유사하다. 산마늘에 비하여 은방울꽃은 잎자루가 가늘고 길며, 잎 끝이 뾰족하다. 산마늘은 전초(全草)에서 마늘냄새가 나며 비늘줄기가 발달해 있다(page 21 참조).

독성분 : 전초(全草)에는 강심배당체인 concallotoxin, concallarin, convallamarin 등이 함유되어 있다.

발 병 : 식용나물인 산마늘로 오인하여 섭취하다가 중독된다.

V / S : 빈맥, 서맥, 부정맥

증 상 : 심혈관계 증상과 소화기 증상이 주로 나타난다.

분 류	증상 / 징후
소화기계	구역질, 구토 등
심혈관계	빈맥, 서맥, 동방차단, 방실차단, 기외수축, 심실부정맥, 실신
신경계	시각변화(노란색/초록색 출현, 기하하적 모양, 불꽃 반짝임, 눈부심), 지남력장애, 무기력, 혼미, 구음장애, 현훈, 발작, 착란 등
기 타	발한, 전해질 이상 (특히, 고칼륨증)

검 사 : 심전도, 전해질(고칼륨증)

※ 심전도에서는, 비특이적 ST, T파 변화, 디곡신중독과 유사한 소견이 나타난다.

치 료 : 경구로 섭취한 경우에는 독성제거술(위세척, 활성탄, 하제)을 시행하면서 증상에 따라서 보존적인 치료를 한다.

증상 / 징후	치료방법
혈압저하	수액 투여, 도파민 투여
전해질교정	특히, 고칼륨증에 유의 ※ 금기 : 칼슘(calcium) 투여
부정맥	서맥 : 아트로핀 투여 (필요 시 인공심박조율)

결 과 : 대부분 24~40시간 이내에 증상이 호전되지만, 간혹 사망하기도 한다.

5. 산형과 (Apiaceae / Umbelliferae)

✽ 독미나리

일반명 : 개발나물아재비

학 명 : *Cicuta virosa* L.

분 류 : 산형과

분 포 : 습지 (안면도, 대관령 이북)

높 이 : 1 m (여러해살이풀)

개 화 : 6~8월 (흰색)

열 매 : 8~9월

생약명 : 독근, 독근채화

감 별 : 식용식물인 미나리와의 감별을 요한다. 독미나리의 잎은 2회 깃꼴로 갈라지고 소엽은 선상 피침형 또는 넓은 피침형이다. 반면에 미나리의 잎은 1~2회 깃꼴로 갈라지고 소엽은 난형이다.

독성분 : 레진(resins)의 일종인 키큐톡신(ciculotoxin)이 주요 독성분이며, 키큐톡신은 신경계에 주로 작용하는 맹독성 물질이다.

병 태 : 키큐톡신이 GABA(gama-aminobutyric acid) receptor를 억제하여 중독증상이 발생한다. 초기에는 무스카린성 효과(muscarine effects)인 구토, 복통, 설사, 타액과다, 발한, 호흡곤란, 산동/축동, 저혈압/고혈압, 서맥/빈맥 등이 나타난다. 니코티니성 효과(nicotinic effects)는 비교적 약하지만, 발작, 경직성 운동, 강직성 운동이 나타날 수 있다.

발 병 : 식용인 미나리로 오인하여 독미나리를 섭취하는 경우가 있다.

발 현 : 섭취 후 1시간 이내에 증상이 발현한다.

V / S : 빈맥, 서맥, 혈압저하, 고혈압, 호흡장애

증 상 : 섭취 후 30~60분 정도의 초기에는 무스카린성 효과에 의하여 소화기증상(구역질, 구토 등)과 손떨림(진전)이 나타나다가, 이후 심한 복통 및 구토, 신경중추 마비(경련, 호흡곤란 등)이 발생한다. 특히, 뿌리 부분은 독성이 심해 한 입만 먹어도 조기 사망에 이를 수 있다. 경련이 지속되면서 횡문근융해 등의 합병증이 발생할 수 있으며, 영구적인 신경계 손상도 발생할 수 있다.

분 류	증상 / 징후
소화기계	구역질, 구토(projectile vomiting), 심한 복통, 설사 등
신경계	손떨림(tremor), 통증성 경련발작, 기억장애 등
기 타	횡문근융해, 신부전, 간기능장애 등

검 사 : 혈액검사(대사성산증, 근효소 증가, 간기능 이상, creatinine), 소변검사(신기능)

치 료 : 경구로 섭취한 경우에는 독성제거술(위세척, 활성탄)을 시행하면서 증상에 따라서 보존적인 치료를 한다. 사망률이 매우 높으므로 중독증상이 없거나 경미하더라도 적극적으로 독성제거술을 시행해야 한다.

증상 / 징후	치료방법
발작	벤조다이아제핀이나 바비튜레이트 투여
횡문근융해	수액투여, 강제이뇨(forced diuresis), 소변알카리화
신부전증	임상소견 및 검사소견에 따라서 치료

결 과 : 수일간 지속되며, 조기 사망할 수 있고 치사율은 70%까지 보고되고 있다.

증례

[Arch Pediatr 2008;15(2):139-41]

(제목) Child poisoning after ingestion of a wild apiaceae: A case report

(내용) 11세 남아가 독미나리를 먹고 1시간 후부터 의식장애, 두통, 복통, 구토, 설사 등이 발현하였으며, 입원 후에는 동공축소, 안검마비, 횡문근융해 등이 동반되었다. 증상에 따른 보존적 치료로 24시간 만에 회복되었다.

✽ 개발나물

뿌리의 모양이 개의 발과 비슷하여 붙여진 이름이다.

일반명 : 가는개발나물, 가락잎풀, 당개발나물, (감자개발나물)

학 명 : *Sium suave* Walter

분 류 : 산형과

분 포 : 늪, 습지

높 이 : 30~80 cm (여러해살이풀)

개 화 : 8월 (흰색)

열 매 : 9월

생약명 : 고본, (산고본)

독성분 : 열매는 coumarin 성분을 함유하고 있다.

경 로 : 연한 잎은 식용이 가능하지만 끓는 물에 데친 후 2~3일간 흐르는 물에 우려내야만 유독성분이 빠진다.

발 현 : 섭취 약 5시간 후부터 증상이 발현한다.

V / S : 저혈압

증 상 : 소화기 증상이 먼저 발현하고 이후 신경증상이 나타난다.

분 류	증상 / 징후
소화기계	구역질, 구토
심혈관계	혈압저하
신경계	시각장애, 사지 감각이상, 어지럼증 등

치 료 : 해독제는 없으며, 초기에 독성제거술(위세척, 활성탄)을 시행하면서 증상에 따라서 보존적인 치료를 한다. 혈압저하가 심하면 도파민을 투여한다.

증례

[대한임상독성학회지 2005:3(2):79-85]

(제목) 야생식물 중독의 임상 양상

(내용) 2004년 4~6월간 12명의 독초중독 환자가 발생하였는데, 6명이 박새풀, 4명이 개발나물, 3명이 미치광이풀, 2명이 동의나물에 의한 것이었다. 개발나물을 섭취한 환자들은 섭취 5시간이 경과하면서 소화기 증상이 발현하였으며, 일시적으로 저혈압이 발생하지만 자연 회복되었다.

[한국생약회지 1982:13(1):52]

(제목) 개발나물 열매의 coumarin 성분

(내용) 개발나물의 열매인 택근자(澤芹子)에서 coumarin 성분이 검출되었다.

6. 양귀비과 (Papaveraceae)

❀ 애기똥풀

줄기에 상처를 내면 노란색의 액체가 나오는데(사진 3) 마치 애기의 똥과 같다고 하여 붙여진 이름이며, 노란색의 유액이 젖과 같아서 젖풀이라고도 한다.

일반명 : 까치다리, 씨아똥, 젖풀, (산황연, 토황연)

학 명 : *Chelidonium majus* var. *asiaticum* (Hara) Ohwi

분 류 : 양귀비과

분 포 : 밭, 길가

높 이 : 30~80 cm (두해살이풀)

개 화 : 4~6월 (노란색)

열 매 : 7~8월

생약명 : 백굴채

독성분 : 전초(全草)가 isoquinoline alkaloid를 함유하고 있는데, 특히 줄기의 유액에 독성분이 많으며, 이러한 알칼로이드 중에서도 주요 독성분은 coptisine과 sanguinarine이다. 이외에도 allocryptopine, berberine, chelidonine, chelerythrine, protopine 등의 알칼로이드가 함유되어 있다.

병 태 : 주요 독성분은 coptisine이지만, 치사율이 매우 높은 독성분인 sanguinarine도 소량 함유하고 있다. Sanguinarine의 치사량은 18 mg/kg 이지만, 애기똥풀에는 소량만 존재하므로 애기똥풀 약 50 g 정도를 생식해야만 LD_{50}에 근접할 수 있다.

V / S : 혈압저하

증 상 : 과량 복용하면 소화기증상과 간손상, 사지마비, 혈압강하 등의 증상이 나타난다. 애기똥풀의 유액이 피부에 닿으면 피부병변을 유발하기도 한다.

분 류	증상 / 징후
소화기계	구역질, 구토, 복통, 간기능장애, 간염, 간부전증 등
신경계	어지럼증, 두통, 사지마비
피부계	접촉성 피부염, 안구 자극증

검 사 : 간기능검사

치 료 : 해독제는 없으며, 피부에 묻은 경우에는 신속히 피부를 세척하고, 증상에 따라서 보존적인 치료를 한다.

증례

[대한간학회지 2000:6(2):265-266]

(제목) 애기똥풀

(내용) 애기똥풀의 간독성에 의한 간염은 tannic acid와 pyrrolidizine alkaloid에 의한 것으로 사료되지만, 간독성을 유발하는 기전은 명확히 밝혀지지 않았다. 한국에서는 애기똥풀이 민간요법으로 이용되기도 하지만, 현재까지 의학논문으로 중독사례가 발표된 적은 없다.

[대한한의학회지 2007:28(1):1-10]

(제목) 최근 독성 문제가 제기된 한약재에 대한 고찰

(내용) 한약재이지만 언론에서 독성이 보고되고 있는 일부 한약재에 대하여 주요 독성분과 중독증상 등에 대하여 기술하고 있다.

[Scand J Gastroenterol 2003;38(5):565-8]

(제목) Acute hepatitis induced by Greater Celandine (*Chelidonium majus*)

(내용) 애기똥풀을 섭취한 2명의 환자에서 중증의 급성 간손상(acute hepatic damage)이 발생하였고, 이중 1명에서는 cholestatic hepatitis가 관찰되었다.

[Gastroenterology 1999;117(5):1234-7]

(제목) Acute hepatitis induced by greater celandine (*Chelidonium majus*)

(내용) 애기똥풀을 먹은 10명의 환자에서 급성 간염이 발생하였으며, 이중 5명에서는 천저한 cholestasis가 관찰되었고, 간부전증은 발생하지 않았다. 간기능검사에서 간수치가 정상으로 회복되기까지는 2~6개월이 소요되었다.

[대한내과학회지 1994:46(6):843-848]

(제목) 한약제(산약과 반하)에 의한 직업성 알레르기 1예

(내용) 한약방에서 근무하던 25세 남자가 2개월 전부터 발생한 콧물과 재채기를 호소하였으며, 특히, 산약과 반하를 취급할 때에 증상이 더욱 심해졌다고 하였다. 검사결과, 산약의 경우에는 IgE 매개반응에 의한 기관지 수축에 의한 것으로 사료되며, 반하의 경우에는 비면역학적 기전에 의한 것으로 추정된다.

[Bull Chin Materia Medica 1983;8(4):33-34]

(제목) Experimental study on "18 against compatibilities" of Chinese traditional medicine: Acute toxicity of *Aconitum carmichaeli* and *Pinellia ternata*

✽ 대반하

잎이 반하보다 커서 대반하라고 한다.

일반명 : (끼무릇, 소천남성, 법반하)

학　명 : *Pinellia tripartita* (Blume) Schott

분　류 : 천남성과

분　포 : 남부지방 (거제도, 통영 등)

높　이 : 20~50 cm

개　화 : 4~7월 (녹색)

열　매 : 8-9월

생약명 : 반하

기　타 : 독성분, 중독증상, 치료법 등은 반하의 내용과 같다 (page 85 참조).

✽ 천남성

뿌리가 둥글고 하얀 것이 남쪽의 노인성(老人星)과 같다고 하여 붙여진 이름이다.

일반명 : 가새천남성, 청사두초, 톱이아물천남성, (토여미, 호장초)

학 명 : *Arisaema amurense* for. *serratum* (Nakai) Kitag.

분 류 : 천남성과

분 포 : 산지의 습지

높 이 : 20~50 cm (여러해살이풀)

개 화 : 5~7월 (녹색)

열 매 : 10월 (붉은색)

생약명 : 천남성

감 별 : 새싹은 식용식물인 싱아, 호장근과 유사하다.

독성분 : 주요 독성분은 triterpenoid saponin과 alkaloid, coniine이며, 이외에도 소량의 benzoic acid, cerebroside, diacylglycerylgalactoside, nicotine 등이 함유되어 있다.

병 태 : 소화기 점막을 자극하거나 손상시켜서 심한 통증과 부종을 유발한다.

발 병 : 자살목적으로 섭취하거나 열매에 현혹되어 섭취하다가 중독되기도 한다.

발 현 : 수 분에서 수 시간 후부터 인후부 통증이 발현한다.

증 상 : 날것으로 먹으면 인후가 타는 듯 하면서 소화기 증상이 나타나고 피부에 묻으면 심한 피부병변을 유발한다.

분 류	증상 / 징후
소화기계	구강 통증, 구강 부종, 애성, 점막궤양, 구역질, 구토, 설사
피부계	피부염증, 가려움증 등
신경계	구강마비, 언어장애, 어지럼증 등

치 료 : 해독제는 없으며 증상에 따라서 보존적인 치료를 한다.

증상 / 징후	치료방법
구강 통증	깨끗한 물로 세척한다.
피부 병변	깨끗한 흐르는 물로 세척하고, 항히스타민 연고 혹은 스테로이드 연고

결 과 : 대부분 자연 치유되지만, 특히 뿌리나 빨간 열매를 먹으면 사망할 수도 있다.

증 례

[한약응용학회지 2008:8(1):77-91]

(제목) 천남성의 독성에 관한 문헌적 고찰

(내용) 천남성의 주요 독성분은 triterpenoid saponin과 alkaloid, coniine이며, 주로 국부적인 자극증상과 전신증상이 발현하고, 특히, 점막에 자극성이 있으며 신경계 증상이 늦게 나타난다.

[대한임상독성학회 2003;1(1): 40~42]

(제목) 천남성 음독에 의한 구강과 인두의 충혈과 통증 및 부종 1예

(내용) 48세 여자는 2시간 전에 자살목적으로 천남성을 섭취하였고, 인후부 통증이 발현하였다. 내원시 혈압 170/110 mmHg, 분당 맥박수 92회, 분당 호흡수 28회였으며 의식은 명료하였다. 동맥혈가스분석검사에서는 경미한 호흡성 염기였고 심전도는 정상이었다. 보존적 치료로 3일후 증상이 호전되어 귀가하였다.

(알기쉬운 독초, 독버섯 p41)
2004년 12월 5일 인천시 옹진군 덕전면 울도 인근해상에서 어선의 선장이 기상악화로 피항차 울도에 상륙해 천남성 줄기를 나물이나 약초로 잘못 알고 먹었다가 목부위가 마비되고 언어장애 증상을 보여 병원으로 긴급 후송되었다.

✽ 두루미천남성

꽃의 끝대와 잎이 두루미가 날개를 편 것과 비슷하여 붙여진 이름이다.

일반명 : 개천남성, 새깃사두초

학 명 : *Arisaema heterophyllum* Blume.

분 류 : 천남성과

분 포 : 산지 풀밭 (경기 불암산, 전남 지리산, 울릉도, 제주도, 추자도)

높 이 : 50 cm (여러해살이풀)

개 화 : 5~6월 (녹색, 자주색)

열 매 : 8~9월 (적색)

생약명 : 천남성

기 타 : 독성분, 중독증상, 치료법 등은 천남성의 내용과 같다 (page 88 참조).

✽ 둥근잎천남성

천남성에 비하여 잎이 크고 둥글어서 붙여진 이름이다.

일반명 : 남산천남성, 남산둥근잎천남성, 넓은잎천남성, 너른잎천남성, 아물천남성, 자주천남성

학 명 : *Arisaema* amurense Maxim

분 류 : 천남성과

분 포 : 산속 습진 곳

높 이 : 15~30 cm (여러해살이풀)

개 화 : 5~7월 (녹색)

열 매 : 7~8월 (붉은색)

생약명 : 천남성

기 타 : 독성분, 중독증상, 치료법 등은 천남성의 내용과 같다 (page 88 참조).

✽ 점박이천남성

줄기에 점박이 무늬가 있어서 점박이천남성이라고 불린다.

일반명 : 무늬점박이천남성, 반잎사두초, 양덕사두초, 양덕천남성, 얼룩이천남성, 자주천남성, 자주점박이천남성, 점박이사두초, 포대점박이천남성

학　명 : *Arisaema peninsulae* Nakai

분　류 : 천남성과

분　포 : 산지의 숲속

높　이 : 20~60 cm (여러해살이풀)

개　화 : 5~6월 (녹색, 자주색)

열　매 : 7~8월 (빨강색)

생약명 : 천남성

기　타 : 독성분, 중독증상, 치료법 등은 천남성의 내용과 같다 (page 88 참조).

✽ 큰천남성

천남성 중에서 잎이 가장 크다고 하여 붙여진 이름이다.

속 명 : 푸른천남성, 자주큰천남성, 왕사두초

학 명 : *Arisaema ringens* (Thunb.) Schott

분 류 : 천남성과

분 포 : 그늘진 숲속

높 이 : 40~70 cm (여러해살이풀)

개 화 : 5~6월 (녹색, 흑자색)

열 매 : 7~8월 (빨강색)

생약명 : 천남성

기 타 : 독성분, 중독증상, 치료법 등은 천남성의 내용과 같다 (page 88 참조).

8. 현삼과 (Scrophulariaceae)

✽ 디기탈리스

영문명인 digitalis를 그대로 발음하여 디기탈리스로 명명하고 있다.

일반명 : 디기다리스, 디기달리스, 디기타리스, 디기타리스풀, 심장병풀, 심장풀

학　명 : *Digitalis purpurea* L.

분　류 : 현삼과

분　포 : 재배용

높　이 : 1~1.5 m (여러해살이풀)

개　화 : 6~8월 (분홍색, 흰색, 홍자색)

열　매 : 8월

생약명 : 양지황, 양지황엽

감　별 : 초기에는 컴프리와 잎이 매우 유사하다.

독성분 : 전초(全草)에 강심배당체(cardiac glycoside)인 디기톡신(digitoxin)과 purpurea glycoside, ditoxin, gitonin 등이 포함되어 있으나, 특히, 잎에 많이 함유되어 있다.

병　태 : 디기톡신은 ATPase를 억제하여 세포의 Na^+/K^+ pump가 정상적으로 작동하지 않게 되며, 결국 세포 내에 Na^+과 Ca^{++}이 증가하게 된다. 이러한 결과로 심근의 수축력이 증가하지만, 과도한 심근수축력 증가는 결국 심정지를 유발하게 된다. 디키톡신의 추정 치사량은 5 mg/kg로 알려져 있으며, 디기탈리스 성분은 위장관에서 급속히 흡수된다. 흡수된 유독성분은 20일 이상의 장시간 동안 소변을 통하여 배출되기 때문에 체내에 축적되기 쉽다.

발　병 : 디기탈리스 잎을 식용인 컴프리 잎으로 혼동하여 섭취하다가 중독된다.

발　현 : 수 시간 이내에 증상이 발현한다.

V / S : 저혈압, 고혈압, 부정맥, 서맥

증　상 : 소화기증상, 신경증상, 심혈관증상이 나타난다.

분류	증상 / 징후
소화기계	구역질, 구토, 설사 등
심혈관계	빈맥, 서맥, 부정맥, 고혈압, 혈압저하
신경계	두통, 시야장애, 착란, 신경마비, 의식변화 등

검　사 : 심전도(디곡신 중독의 소견과 유사), diagnostic digoxin assay

치　료 : 해독제는 digoxin Fab이며, 경구로 섭취한 경우에는 초기에 활성탄을 반복적으로 투여하면서 해독제를 과량 주사한다. 증상에 따라서 필요한 보존적인 치료를 병행한다.

증상 / 징후	치료방법
활성탄	Multiple charcoal therapy
해독제	Digoxin Fab (digoxin specific antibody) : 30분에 걸쳐 서서히 정주 성인은 10-20 vials 정주 (초기에는 소아도 동일한 용량)

증례

[J Cardiovasc Med 2009;10(9):727-732]

(제목) Digitalis must be banished from the table; A rare case of acute accidental Digitalis intoxication of a whole family.

(내용) 가정에서 감자요리 조리과정 중에 잘못하여 디기탈리스 잎을 섞었으며, 이를 먹은 가족에서 중증의 서맥과 부정맥이 발현하였다. 환자들에게 해독제인 digoxin-specific antibody Fab fragments를 투여하였으며, 증상이 호전되어 귀가하였다.

[Eur J Emerg Med 2007;14(6):356-9]

(제목) It could have happened to Van Gogh; A case of fatal purple foxglove poisoning and review of the literature.

(내용) 64세 남자가 다기탈리스를 섭취하여 중독되었으며, 해독제인 Digibind를 투여하였음에도 불구하고 사망하였다.

[대한의사협회지 2005:48(4):302-408]

(제목) 생약제 부작용; 심혈관계 부작용을 보이는 생약재

(내용) 디기타리스사 생약으로 처음 약용된 기록은 1640년대에 파킨슨병의 치료제로 사용된 것이고, 1775년 영국의 의사 William Withering에 의하여 근대적인 연구가 시작되었으며 임상에서는 주로 부종치료제로 이용되었다 이후 1871년 Nativalle가 생약의 유효성분인 digitoxin을 처음으로 분리하였다.

✽ 괴불주머니

오색의 비단헝겊을 이용하여 여러 모양의 수를 놓아 만든 노리개를 괴불주머니라고 하는데, 꽃의 모양이 이를 닮았다고 하여 붙여진 이름이다.

일반명 : 산해주머니, (산괴불주머니)
학　명 : *Corydalis pallida* (Thunb.) Pers.
분　류 : 현호색과
분　포 : 숲 가장자리 (경상도 남쪽해안, 설악산, 울릉도, 제주도)
높　이 : 20~50cm (두해살이풀)
개　화 : 4~5월 (노란색)
열　매 : 7~8월
생약명 : 국화황련, (황근)
독성분 : 10여종의 알칼로이드를 함유하고 있는데, 주요 독성분은 phenolic amides와 isoquinoline alkaloid인 것으로 보고되고 있다.
발　병 : 연한 잎은 식용이 가능하지만 끓는 물에 데친 후 2~3일간 흐르는 물에 우려내야만 유독성분이 빠진다.
V / S : 호흡장애
증　상 : 주로 소화기 증상(구역질, 구토, 복통 등)과 신경계 증상(안면근육 경련, 전신경련, 홍분 등)이 나타난다.
치　료 : 해독제는 없으며, 경구로 섭취한 경우에는 초기에 독성제거술(위세척, 활성탄, 하제)을 시행하면서 증상에 따라서 보존적인 치료를 한다.

✿ 자주괴불주머니

오색의 비단헝겊을 이용하여 여러 모양의 수를 놓아 만든 노리개를 괴불주머니라고 하는데, 꽃의 모양이 이를 닮았고 자주색이라서 붙여진 이름이다.

일반명 : 자주현호색, 자지괴불주머니
학 명 : *Corydalis incisa* (Thunb.) Pers.
분 류 : 현호색과
분 포 : 숲 가장자리
높 이 : 20~50 cm (두해살이풀)
개 화 : 5월 (자주색)
열 매 : 7~8월
생약명 : 국화향련, (황근)
기 타 : 독성분, 중독증상, 치료법 등은 괴불주머니의 내용과 같다 (page 99 참조).

✿ 눈괴불주머니

일반명 : 누운괴불주머니, 눈빨꽃, 덩굴괴불주머니

학 명 : *Corydalis ochotensis* Turcz.

분 류 : 현호색과

분 포 : 전국 산지의 습지

높 이 : 60~100 cm (두해살이풀)

개 화 : 6~9월 (노란색)

열 매 : 8~9월 (검정색)

생약명 : 국화황련

독성분 : 이소퀴놀론 알칼로이드(isoquinoline alkaloid)가 주요 독성분이다.

기 타 : 중독증상과 치료법 등은 괴불주머니와 유사하다 (page 99 참조).

10. 협죽도과 (Apocynaceae)

❀ 협죽도

잎이 좁고 줄기는 대나무와 비슷하고 꽃은 복숭아와 같다고 하여 협죽도라 하고, 나무모양은 버드나무와 비슷하나 복사나무를 닮은 꽃이 핀다고 하여 유도화(柳桃花)라고도 한다.

일반명 : 류선화, 유도화

학　명 : *Nerium indicum* Miller

분　류 : 협죽도과

분　포 : 햇볕이 잘 쬐고 습기가 많은 곳

높　이 : 2~-3 m 상록관목

개　화 : 7~8월 (붉은색, 흰색)

열　매 : 8월 (갈색)

생약명 : 협죽도엽, 협죽초

독성분 : 잎에는 강심배당체(cardiac glycoside)인 oleandrin, adynerin, neriocorin, odorin 등이 함유되어 있다.

병　태 : 올레안더는 세상에서 가장 치명적인 독성분으로 알려져 있으며, 동물실험에서 올레안더 치사량은 0.5 mg/kg으로 보고되고 있다.

발　병 : 나뭇가지를 도구로 사용하다가 중독되거나 부주의에 의하여 발병한다.

V / S : 부정맥

증　상 : 디곡신 중독과 거의 유사한 증상이 나다난다. 소화기증상과 심혈관계 증상이 주로 나타나며, 심박동이 불규칙하게 나타나는데, 초기에는 심박동이 증가하다가 나중에는 감소한다. 피부에 접촉하는 경우에는 피부병변을 유발한다.

분 류	증상 / 징후
소화기계	구역질, 구토, 타액과다, 복통, 설사, (혈변)
심혈관계	불규칙적인 심박동, 창백하고 차가운 사지
신경계	의식장애, 경련, tremor, 혼수, 사망
피부계	접촉성 피부질환, 안구질환(염증, 가려움 등), 알러지 피부질환

검　사 : 심전도, 혈중 abnormal digoxin

※ 혈중 디곡신 레벨이 정확히 중독량을 의미하지는 않으며, 일부 중독환자에서는 음성으로 나타날 수도 있다.

치　료 : 해독제는 digoxin Fab이며, 경구로 섭취한 경우에는 초기에 활성탄을 반복적으로 투여하면서 해독제를 과량 주사한다. 디곡신 중독에 비하여 임상증상이 경미하더라도 초기부터 해독제인 Digoxin immune Fab를 과량 투여하는 것이 바람직하다.

증상 / 징후	치료방법
해독제	Digoxin Fab (digoxin specific antibody) : 30분에 걸쳐 서서히 정주 성인은 10~20 vial 정주 (초기에는 소아도 동일한 용량)
활성탄	multi-dose activated charcoal therapy

결 과 : 다량을 섭취한 경우에는 사망할 수도 있다.

증례

[대한임상독성학회지 2009:7(1):19-22]

(제목) 우연한 협죽도 복용에 의한 디지털리스양(digitalis-like) 중독증상

(내용) 16세 남자가 협죽도를 분갈이 하던 중 꽃잎을 우연히 섭취한 후 구역질, 구토, 어지럼증 등이 발현하여 보존적 치료후 4일만에 퇴원하였다.

[인터넷]

미국에서는 보이스카웃 학생들이 협죽도 나무가지로 핫도그 막대를 만들어 사용하다가 죽었다고 하며, 그 외의 국가에서 협죽도의 독성으로 사망한 사례가 아주 많았다. 제주도에 수학여행 갔던 여학생이 나무젓가락이 없어 협죽도 가지를 꺾어 김밥을 먹다가 의식을 잃고 죽었다는 등 우리나라에서도 심심치 않게 발생했다고 한다.

[Indian J Exp Biol 2004;42(10):1003-6]

(제목) Toxicity of *Nerium indicum* Miller seed extract on bandicoot rat, Bandicota bengalensis Gray

(내용) 쥐에게 협죽도 추출물 12.5 ml/kg을 투여한 결과, 100%의 치사율이 관찰되었다.

III 장
독성이 약한 풀

본장에서는 독성이 비교적 약한 것으로 평가되는 독초들을 기술하고 있지만, 일부 독초들은 섭취량과 섭취경로에 따라서 맹독성으로 변할 수도 있으므로 주의해야 한다. 또한, 일부 독초들은 외국에는 없고 국내에서만 자라는 경우도 있으며, 독초에 의한 사망사례가 국내의 의학논문에 발표되지 않아서 독성이 낮다고 오인하는 독초도 일부 있을 것으로 생각된다. 향후, 독초에 의한 중독사례를 전향적으로 연구하고 자료를 수집할 예정이므로 의료진들의 많은 협조가 필요한 분야이다.

독성이 비교적 약한 독초들의 경우에는 독성분이 명확히 밝혀진 것이 적으며, 중독증상도 대부분 소화기 증상이므로 본문에서는 특별한 경우를 제외하고는 중독증상을 자세히 기술하지는 않았다. 본장에서는 다음의 원칙에 의거하여 독초들을 나열하였다.

1) 꽃이 없는 풀, 꽃이 있는 풀 順 으로 나열
2) 꽃이 있는 풀은 꽃의 색상 順으로 정렬 (흰색, 노랑, 초록, 빨강, 파랑 順)
3) 동일한 색상이면, 산지(풀 → 덩굴), 습지 順으로 나열

✽ 고사리

새순이 나올 때 줄기가 말린 모양(굽을 曲)이고, 실 같이 하얀 것(絲)이 붙어 있어 곡사리(曲絲里)라고 명명하다가 고사리로 변하였다.

일반명 : 북고사리, 참고사리, 층층고사리, (궐, 궐아채, 거두채, 용두채)
학 명 : *Pteridium aquilinum* var. *latiusculum* (Desv.) Underw.
분 류 : 꼬리고사리과
분 포 : 산, 들
높 이 : 20~80 cm (다년생 식물)
생약명 : 궐, 궐채, 궐근, (고사리근, 궐기근)
독성분 : 고사리의 독을 일반적으로 bracken fern toxin이라고 하는데, sesquiterpene 배당체인 pterosin, pteroside, ptaquiloside가 함유되어 있다. 이중 ptaquiloside 성분은 동물실험에서 방광암이나 폐암을 유발시키는 것으로 알려져 있다. 고사리 어린 잎은 곤충의 침해를 방어하기 위해서 중독을 일으키는 청산이온(青酸 ; 청산가리)도 만들어 낸다.
병 태 : 삶거나 우려내는 과정에서 많은 양의 독소가 빠져나간다.
발 병 : 어린 순은 식용이 가능하지만 끓는 물에 데친 후 흐르는 물에 우려내야만 유독성분이 빠진다.
기 타 : 소화기 증상이 나타나지만 해독제는 없으며, 증상에 따라서 보존적 치료를 한다.

증례

[한국영양식량학회지 1989:18(3):255-264]
(제목) 한국산 고사리의 독성조사에 대한 연구
(내용) 고사리의 독성분(Bracken fern toxin)을 쥐에 투여한 결과, 체중이 감소하고, SGOT, SGPT, alkaline phosphatase가 급격히 증가하였다.

❃ 관중

일반명 : 면마, 호랑고비, (광도채근, 면마린모궐, 면마양치, 봉미, 호랑고네, 회초)

학 명 : *Dryopteris crassirhizoma* Nakai

분 류 : 면마과

분 포 : 산지의 나무그늘

높 이 : 50~100 cm (여러해살이풀, 양치류)

생약명 : 관중, 면마근

독성분 : Phloroglucine 유도체인 aspidin, albaspidine, dryorassin 등이 함유되어 있는데, 인체독성에 대한 정확한 자료는 없다.

증 상 : 소화기 증상(구역질, 구토, 복통, 장출혈 등)이 발현하기 시작하여 점차 신경계 증상(현기증, 경련, 마비 등)이 동반되면서 악화된다.

치 료 : 해독제는 없으며, 증상에 따라서 보존적인 치료를 한다.

✽ 쇠고비

일반명 : -
학　명 : *Cyrtomium fortunei* J.Sm.
분　류 : 고란초과
분　포 : 바닷가 숲속
높　이 : 30~80 cm
생약명 : 혼계두
기　타 : 소화기 증상이 주로 나타나지만 해독제는 없으며, 증상에 따라서 보존적인 치료를 한다.

❀ 뱀톱

일반명 : 배암톱, 넓은잎뱀톱, 틈벨구뱀톱

학　명 : *Lycopodium serratum* Thunb.

분　류 : 석송과

분　포 : 산지의 그늘진 습지

높　이 : 7~25 cm (상록성 여러해살이풀)(온대성 양치류)

생약명 : 천충탑

독성분 : 알칼로이드인 리코포딘(lycopodine)이 주요 독성분인 것으로 알려져 있으며, 이외에도 니코틴 등이 소량 함유되어 있다. 일부 논문에서는 뱀톱이 levo-tetrahydrorpalmitine을 함유하고 있으며 간독성을 유발한다는 보고가 있다.

증　상 : 신경계의 중독증상(마비 등)이 주로 나타날 것으로 추정되고 있다.

증례

[대한소화기학회지 2004:44:113-125]

(제목) 식물제제에 의한 간손상

(내용) 건강식품 혹은 민간요법에 이용되는 식물 중에는 간독성을 유발하는 식물이 많으며, 대표적인 것으로는, 체중감량제인 게르만더(germander), 황금, 백선, 마황, 뱀톱 등이다.

[AnnIntern Med 1994:121:729-735]

(제목) Acute hepatitis associated with the Chinese herbal product jin bu huan.

(내용) 뱀톱의 주요 독성분은 levo-tetrahydropalmitine 이며 levo-alkaloid로서 간손상을 유발하고, 이 독성분은 구조적으로 berberine과 유사하다.

✿ 속새

속새의 다른 이름인 주석초는 속새에 규산이 많이 함유되어 있어서 주석으로 된 그릇을 닦거나 광을 내는 데 사용되었기 때문이었고, 상자풀이란 이름은 속새의 줄기가 수 많은 곁가지가 상자처럼 서로 겹쳐서 이루어진 데서 유래한다

일반명 : (상자풀, 주석초)

학　명 : *Equisetum hyemale* L.

분　류 : 속새과

분　포 : 산지의 그늘 숲 (강원도 이북, 제주도)

높　이 : 30~60 cm (여러해살이풀)

생약명 : 목적, (근골초, 찰초)

독성분 : 규산(silicic acid)과 규산염(silicates)이 주요 성분이며 염기물질인 에퀴세틴(equisetine)도 함유하고 있지만, 인체독성에 대한 정확한 자료는 없다.

발　병 : 봄철에는 뿌리를 식용하기도 하지만 독성이 있으므로 주의해야 한다.

기　타 : 소화기 증상이 나타나지만 해독제는 없으며, 증상에 따라서 보존적인 치료를 한다.

✽ 고추

고추는 '매운 채소' 의 한자어인 고초(苦草)가 변한 것이다.

일반명 : 당추, 꼬치, 고초, 긴고추, 남고추

학 명 : *Capsicum annuum* L.

분 류 : 가지과

분 포 : (재배용)

높 이 : 60 cm 한해살이풀

개 화 : 6~7월 (흰색)

열 매 : 7~8월 (붉은색)

생약명 : 번초

독성분 : 고추잎과 열매에는 캡사이신(capsaicin)이 포함되어 있는데, 캡사이신은 알칼로이드의 일종으로써 고추의 매운 맛을 내는 성분이며, 피부에 바르면 화끈거리면서 피부의 혈관을 확장시킨다.

기 타 : 소화기 증상이 나타나지만 해독제는 없으며, 증상에 따라서 보존적인 치료를 한다. 피부에 고추성분이 닿으면 피부혈관의 확장에 따른 발진과 통증이 발현한다.

증례

[Int J Dermatol 1992:31:206-209]

(제목) Substance P provokes cutaneous erythema and edema through a histamine-independent pathway.

(내용) Capsaicin은 신경말단에서 substance P와 다른 신경펩타이드를 함유하고 있는 미세 수포를 탈과립시켜서 substance P를 고갈시키고, 결과적으로 뇌로 통증을 전달하지 못하도록 한다.

✽ 까마중

검게 익은 열매가 중의 머리와 같다고 하여 까마중이라 하며, 검은 열매가 용의 눈알과 같아서 용안초라고도 명명한다.

일반명 : 가마중, 강태, 까마종, 깜푸라지, 먹딸기, 먹때꽐, (고규, 까마종, 야해초, 용안초, 천가, 흑성성)

학　명 : *Solanum nigrum* L. var. *nigrum*

분　류 : 가지과

분　포 : 길가

높　이 : 20~90 cm (한해살이풀)

개　화 : 5~7월 (흰색)

열　매 : 7~8월 (검정색)

생약명 : 용규

독성분 : 전초(全草)에는 solanine, solasonine, solanigrine 등의 알칼로이드(alkaloid) 독성분이 함유되어 있으며, 이외에도 saponin이 다량 함유되어 있고, 알칼로이드의 함량은 열매에 가장 많다.

병　태 : Solanine의 작용은 saponin과 유사하며 혈구(血球)를 용해한다.

발　병 : 연한 잎은 식용할 수 있지만, 덜 익은 열매는 중독을 유발할 수 있다.

V / S : 빈맥, 서맥

증　상 : 과량 섭취에 의한 중독은 소화기증상과 신경계증상을 유발한다.

분 류	증상 / 징후
소화기계	복통, 구토, 설사 등
심혈관계	빈맥, 서맥
신경계	두통, 동공산대, 의식장애, 착란, 혼수 등

검　사 : 심전도

치　료 : 해독제는 없으며, 경구로 섭취한 경우에는 독성제거술(위세척, 활성탄)을 시행하면서 증상에 따라서 보존적인 치료를 한다.

결　과 : 어린이가 덜 익은 까마중의 열매을 먹고 사망했다는 외국보고도 있다.

증례

[Ir J Med Sci 1953:6(326):77-80]

(제목) A case of poisoning by *Solanum nigrum*

(내용) 56세 남자가 까마중 열매를 따먹고 수 시간 후부터 심한 갈증과 구토가 나타나다가 이후 시각장애가 발현하면서 의식을 소실했으며, 신체검사에서는 반혼수, 동공산대, 운동기능마비 등이 관찰되었다. 입원 다음날에도 의식은 혼미하면서 환각증상과 폭력적인 행동이 관찰되었으며, 동공반응은 매우 느리고 2~3일간 지속되었다.

✽ 꽈리

열매가 주머니 모양의 꽃받침 안에 들어 있다고 하여 '꽈리'라고도 하며, 열매의 씨를 빼내고 입 속에서 불면 '꾸악~꾸악~' 소리가 나므로 '꾸아리' 라고도 한다.

일반명 : 꼬아리, 때꽐, (꾸아리, 등용초, 산장초, 홍고랑)

학 명 : *Physalis alkekengi* var. *francheti* (Mast.) Hort

분 류 : 가지과

분 포 : 길가

높 이 : 40~90 cm (여러해살이풀)

개 화 : 6~7월 (흰색)

열 매 : 8~9월 (녹색, 빨강색)

생약명 : 산장, 산장초, (등려근)

독성분 : 싹이나 뿌리에는 독성분이 있으므로 먹을 수 없고, 열매만 먹을 수 있다. 열매를 제외한 부위에는 physalin A~C, luteolin, alkaloid, tigloyloxytropane 등이 함유되어 있으며, 소량이지만 청산이온인 KNO_3도 존재한다.

발 병 : 열매는 먹을 수 있지만, 다른 부위를 섭취하면 중독될 수 있다.

증 상 : 열매 이외의 부위를 먹으면 소화기 증상(복통, 설사 등)이 발현한다.

치 료 : 해독제는 없으며, 증상에 따라서 보존적 치료를 시행한다.

✽ 배풍등

일반명 : 배풍등나무, (백모등, 백영, 배풍동, 비상, 촉양천)

학 명 : *Solanum lyratum* Thunb.

분 류 : 가지과

분 포 : 산지의 양지쪽 바위틈 (경상도, 덕유산, 지리산)

높 이 : 3 m 덩굴성 반관목(半灌木)

개 화 : 7~9월 (흰색)

열 매 : 8~9월 (붉은색)

생약명 : 배풍등, (백초, 백영, 천등농, 촉양천)

독성분 : 스테로이드성 알칼로이드(steroidal alkaloid)를 함유하고 있는데, 꽃에는 스테로이드 사포닌이 다량 함유되어 있다.

발 병 : 어린 순은 식용할 수 있지만, 다른 부위는 섭취하지 않는 것이 바람직하다.

증 상 : 소화기 증상(구역질, 구토 등)이 주로 나타나며, 동공이 산대되기도 한다.

치 료 : 해독제는 없으며, 경구로 섭취한 경우에는 초기에 독성제거술(위세척, 활성탄)을 시행하면서 증상에 따라서 보존적인 치료를 한다.

✽ 바위솔

바위에서 자라면서 꽃봉우리가 소나무의 수꽃 모양과 흡사하여 붙여진 이름이다.

일반명 : 넓은잎바위솔, 넓은잎지붕지기, 지붕직이, 오송, 와송, (응달바위솔)

학 명 : *Orostachys japonica* (Maxim.) A. Berger

분 류 : 돌나물과

분 포 : 산비탈과 바닷가의 모래자갈

높 이 : 30 cm (여러해살이풀)

개 화 : 9월 (백색)

열 매 : 12월

생약명 : 와송

발 병 : 연한 잎은 식용이 가능하지만 독성을 제거하기 위하여 어린 잎을 끓는 물에 데친 후 조리해야 한다.

✽ 노루귀

잎이 두껍고 세갈래로 갈라지며 솜털이 많은데 털이 보송보송한 노루의 귀와 모양이 비슷하여 노루귀라고 명명되었다.

일반명 : 뾰족노루귀, (파설초)
학 명 : *Hepatica asiatica* Nakai
분 류 : 미나리아재비과
분 포 : 숲속
높 이 : 10 cm (여러해살이풀)
개 화 : 3~4월 (흰색, 분홍색), 꽃이 먼저 피고 잎이 나온다.
열 매 : 4월
생약명 : 장이세신
발 병 : 연한 잎은 식용이 가능하지만 끓는 물에 데친 후 2~3일간 흐르는 물에 우려내야만 유독성분이 빠진다.
기 타 : 소화기증상이 주로 나타날 것으로 사료되며, 증상에 따라서 보존적 치료를 한다.

✽ 다알리아

다알리아는 학명 및 영문명의 발음을 그대로 붙인 명칭이다.

일반명 : 다리아, 달리아

학　명 : *Dahlia pinnata* Cav.

분　류 : 국화과

분　포 : (관상용)

높　이 : 1.5~2 m (여러해살이풀)

개　화 : 6~10월 (흰색, 노란색, 빨강색 등)

열　매 : 10~11월

기　타 : 소화기 증상이 주로 나타날 것으로 사료되고 해독제는 없으며, 증상에 따라서 보존적인 치료를 한다.

✿ 꿩의다리

줄기가 자줏빛이고 드문드문 마디가 있는 모습이 꿩의다리와 흡사하여 붙여진 이름이다.

일반명 : (가락풀, 산꿩의다리, 아시아꿩의다리, 한라꿩의다리)

학 명 : *Thalictrum aquilegifolium* L.

분 류 : 미나리아재비과

분 포 : 산기슭, 숲 그늘

높 이 : 50~100 cm (여러해살이풀)

개 화 : 7~8월 (흰색, 연보라색)

열 매 : 8~9월

생약명 : 당송초, (동아당송초, 시아당송초)

독성분 : 주요 독성분은 줄기와 잎에 주로 있는데, 알칼로이드(alkaloid) 화합물인 magnoflorine, takatonine, thalicberine 등이다.

발 병 : 연한 잎은 식용이 가능하지만 끓는 물에 데친 후 흐르는 물에 충분히 우려내야만 유독성분이 빠진다. 식용식물인 삼지구엽초와 혼동하여 꿩의다리를 섭취하는 경우에도 중독사고가 발생한다.

치 료 : 해독제는 없으며, 증상에 따라서 보존적 치료를 시행한다.

✽ 튜립 제스너리아나

일반명 : 튜립, (튤립)
학　명 : *Tulipa gesneriana* L.
분　류 : 백합과
분　포 : 관상용
높　이 : 20~30 cm (여러해살이풀)
개　화 : 4~5월 (흰색, 노랑, 빨강, 주황 등의 각종 색상)
열　매 : 6~8월
생약명 : -
기　타 : 소화기 증상이 주로 나타날 것으로 사료되고, 증상에 따라서 보존적 치료를 한다.

✽ 개구릿대

일반명 : 구릿대, 지리강활, 좁은잎구릿대, (개당귀)
학　명 : *Angelica anomala* Ave-Lall.
분　류 : 산형과
분　포 : 산 (덕유산, 오대산, 지리산, 치악산 등)
높　이 : 1 m (여러해살이풀)
개　화 : 7월 (흰색)
열　매 : 8~9월
생약명 : 전호
감　별 : 참당귀 (개당귀 줄기의 마디마다 자주색 선점이 있지만 참당귀는 없다).
발　병 : 개구릿대를 식용나물인 참당귀(구릿대, 왜우산풀)로 오인하여 섭취하다 중독된다.
치　료 : 해독제는 없으며, 증상에 따라서 보존적인 치료를 한다.

증례

(알기쉬운 독초, 독버섯 p35)
1994년 5월 29일 지리산에서 대구에 사는 여성 2명이 지리강활(개구릿대)을 당귀로 잘못 알고 식용으로 섭취하여 중독사고가 발생하였다.

✽ 고수

일반명 : 고수나물, (호유실, 빈대풀)
학　명 : *Coriandrum sativum* L.
분　류 : 산형과
분　포 : 30~60 cm (한해살이풀)
개　화 : 6~7월 (백색)
열　매 : 7~8월
생약명 : 호유자
기　타 : 소화기 증상이 주로 나타날 것으로 사료되고 해독제는 없으며, 증상에 따라서 보존적인 치료를 한다.

✽ 등골나물

전초(全草)를 말리면 등나무 꽃과 유사한 냄새가 난다고 하여 붙여진 이름이다.

일반명 : 벌등골나물, 새등골나물

학　명 : *Eupatorium japonicum* Thunb. ex Murray

분　류 : 국화과

분　포 : 산, 들

높　이 : 2 m (여러해살이풀)

개　화 : 7~10월 (흰색)

열　매 : 10월 (흰색, 흰자주색)

생약명 : 산택란, 칭간초

발　병 : 어린 잎과 꽃은 식용하지만 주의해야 한다.

증　상 : 주로 소화기 증상(구역질, 구토, 복통, 설사, 변비 등)을 유발한다.

치　료 : 해독제는 없으며, 증상에 따라서 보존적 치료를 시행한다.

톱풀

잎의 모양이 톱처럼 생겨서 톱풀이라고 한다.

일반명 : 가새풀, 배암세, 배암채, (거지초, 오공초, 우의초, 일지호, 지네풀, 지호)

학　명 : *Achillea alpina* L.

분　류 : 국화과

분　포 : 산, 들

높　이 : 50~100 cm (여러해살이풀)

개　화 : 7~10월 (흰색)

열　매 : 10월

생약명 : 시초, 친초, 일지호

독성분 : 잎에 achillin, artemetin, axillarin, isorhamnetin-3-glucurunide, leucodin, quercetagetin 등이 함유되어 있지만, 인체독성에 대한 정확한 자료는 없다.

발　병 : 연한 잎이나 어린 순은 식용하지만, 독성이 있으므로 데쳐서 먹어야만 한다.

기　타 : 소화기 증상이 주로 나타날 것으로 사료되고, 증상에 따라서 보존적 치료를 한다.

❀ 서양톱풀

잎의 모양이 톱처럼 생겨서 톱풀이라고 한다.

일반명 : 다닥잎톱풀

학　명 : *Achillea millefolium* L.

분　류 : 국화과

분　포 : (관상용)

높　이 : 60~100 cm (여러해살이풀)

개　화 : 6~9월 (흰색, 분홍색)

열　매 : 9월

생약명 : 일지호

독성분 : 정유성분인 cineol, camazulene, milifolide 등이 함유되어 있지만 인체독성에 대한 정확한 자료는 없는 실정이다.

기　타 : 소화기 증상이 주로 나타날 것으로 사료되고, 증상에 따라서 보존적 치료를 한다.

✽ 양귀비

중국에서 가장 예뻤던 양귀비(당나라 현종의 애첩)라는 여인의 이름을 따온 것이다.

일반명 : 앵속, 아편꽃, 약담배
학 명 : *Papaver somniferum* L.
분 류 : 양귀비과
분 포 : (재배용)
높 이 : 50~150 cm (한해살이풀)
개 화 : 5~6월 (흰색, 홍색, 자색 등)
열 매 : 6월
생약명 : 아편, 앵속각, 앵자속, (아부용)
독성분 : 20종 이상의 알칼로이드가 함유되어 있는데, 이중에서도 아이소퀴놀린 알칼로이드(isoquinoline alkaloid)인 morphine, codeine, noscapine, papaverine, thebaine, narcein 등이 주요 독성분이다. 특히, 덜 익은 양귀비의 열매에는 몰핀 알칼로이드가 다량 함유되어 있다.
증 상 : 몰핀에 의하여 중추신경계와 소화기계 증상이 주로 나타낸다.
치 료 : 해독제는 naloxone(2 mg 정주 혹은 근주)이며, 기타 증상에 따라서 보존적 치료를 시행한다.

✽ 흰양귀비

중국에서 가장 예뻤던 양귀비(당나라 현종의 애첩)라는 여인의 이름을 따온 것이다.

일반명 : 흰개양귀, 흰아편꽃

학　명 : *Papaver amurense* (N. Busch) N. Busch ex Tolm.

분　류 : 양귀비과

분　포 : (재배용)

높　이 : 50 cm (두해살이풀)

개　화 : 6~7월 (흰색)

열　매 : 7~8월

생약명 : 앵속각, 앵자속, (아부용)

기　타 : 독성분, 중독증상, 치료법 등은 양귀비와 비슷하다(page 130 참조).

✽ 백선

흰색으로 뚜렷하다고 하여 붙여진 이름이다.

일반명 : 검화, 자래초, (백양, 백양선, 지양선)

학　명 : *Dictamnus dasycarpus* Turcz.

분　류 : 운향과

분　포 : 산기슭

높　이 : 90 cm (여러해살이풀)

개　화 : 5~6월 (흰색, 연홍색)

열　매 : 7~8월

생약명 : 백선피, (목근심)

독성분 : 근피에 dictamnine, obakunone, obakulactone, dictmnolid 등이 함유되어 있다. 이외에도 간독성의 가능성이 있는 물질로는, methoxypsoralen, xanthotoxin, coumarins 등이 있다.

기　타 : 소화기 증상과 간손상에 의한 증상이 주로 나타날 것으로 사료되고, 증상에 따라서 보존적 치료를 한다.

증 례

[대한내과학회지 2009:76(4):476-480]

(제목) 백선 복용 후 발생한 급성 간염 1예

(내용) 55세 남자가 건강을 위하여 매일 백선의 뿌리 1개씩 먹었으며, 20일이 경과하면서 전신피로감 등이 있다가 25일째는 황달이 발생하였다. 간기능검사 및 간조직검사에서 독성 간염으로 진단되었으며, 치료 30일 이후에 간검사 수치가 정상으로 회복되었다.

[대한간학회지 2008:14:206-212]

(제목) 백선 복용 후 발생한 독성 간손상 4예

(내용) 건강을 위하여 장시간(2주~2개월) 동안 백선 뿌리를 달여 먹은 4명의 환자(78세/여, 49세/여, 62세/남, 52세/여)에서 전신피로감과 황달 등이 발현하였다. 모두 독성 간손상으로 판명되었으며, 조직검사에서도 간세포의 손상이 확인되었다.

✽ 홀아비꽃대

1개의 꽃이삭이 촛대같이 자라므로 홀아비꽃대라고 명명했다.

일반명 : 홀애비꽃대, 홀아비쌍꽃대, (가세신, 등룡화, 은연초, 은월초, 홀꽃대)

학 명 : *Chloranthus japonicus* Siebold

분 류 : 홀아비꽃대과

분 포 : 산지의 그늘

높 이 : 20~30 cm (여러해살이풀)

개 화 : 4~5월 (흰색)

열 매 : 9~10월

생약명 : 은녹초, 은선초

독성분 : 전초에 사포닌, 쿠마린, 알칼로이드가 함유되어 있다.

기 타 : 소화기증상이 주로 나타날 것으로 사료되고, 증상에 따라서 보존적 치료를 한다.

✽ 하수오

이 약재를 복용하면 나이가 들어도 머리카락이 까맣다고 하여 하수오(何首烏)라 불리는데, 백발이 성성할 때 귀향 갔던 신하가 검은 머리로 돌아온 것을 보고 임금이 "어찌 머리카락이 검어졌는가?" 라고 물었다는 것에서 유래되었다. 한자의, 어찌 하(何), 머리 수(首), 까마귀 오(烏)자를 따서 '하수오' 라고 한다.

일반명 : (교등, 구기등, 도유등, 마간석, 새박덩굴, 생수오, 야합, 야교, 하상공)

학　명 : *Fallopia multiflora* (Thunb. ex Murray) *Haraldson* var. *multiflora*

분　류 : 마디풀과

분　포 : 산 (지리산, 계방산)

높　이 : 10~150 cm 덩굴성 여러해살이풀

개　화 : 8~9월 (흰색)

열　매 : 9월

생약명 : 하수오

독성분 : 뿌리에는 안트라퀴논(anthraquinone) 화합물인 emodin, physcion과 배당체, tetrahydroxystibene glucoside, polygoacetophenoside 등이 있는데, 인체독성에 대한 근거자료는 명확하지 않다.

발　병 : 잎은 식용이나 약용이 가능하지만 간부전증이 유발되는 사례가 보고되고 있으므로, 간질환이 있는 경우에는 주의해야 한다.

증　상 : 설사를 유발하며, 드물게 간기능장애(황달, 간부전증, 간염 등)를 유발한다.

치　료 : 해독제는 없으며, 증상에 따라서 보존적인 치료를 한다.

증례

[대한임상독성학회지 2008:6(2):110-116]

(제목) 식물제제와 연관된 급성 독성 간염으로 인한 간이식

(내용) 식물제제의 섭취로 인하여 발생한 독성 간염으로 간이식을 받은 환자 12명 중 3명(24세/남자, 52세/남자, 57세/여자)은 하수오를 먹은 후에 간부전증이 발병하였다.

[대한한의학회지 2007:28(1):1-10]

(제목) 최근 독성 문제가 제기된 한약재에 대한 고찰

(내용) 한약재이지만 언론에서 독성이 보고되고 있는 일부 한약재에 대하여 주요 독성분과 중독증상 등에 대하여 기술하고 있다. 하수오와 용담의 경우에는 여러 한약재와 복합적으로 처방한 환자에서 간손상이 발생하였다.

[대한내과학회지 1999:56(6):753-756]

(제목) 한약 하수오 복용후 발생한 급성 간염 1예

(내용) 55세 여자가 건강을 위하여 3개월 전부터 매일 한약재인 하수오를 520 mg씩 복용하다가, 2주 전부터 전신피로감이 있어서 복용을 금지하였다. 그러나 1주일 전부터는 황달까지 발현하여 병원에 입원하였으며, 간기능검사에서 ALT 1743, AST 1596, 빌리루빈 6.7 mg/dl였다. 입원 17일째부터 간수치가 호전되기 시작하여 35일째에는 ALT 76, AST 134, 빌리루빈 5.3 mg/dl였다.

✽ 사위질빵

다른 덩굴식물에 비하여 줄기가 약하여 잘 끊어지는데, 사위가 무거운 짐을 지지 말라는 의미에서 사위질빵의 줄기로 멜빵을 만들어 주었다는 이야기에서 유래한다.

일반명 : 질빵풀, (근엽철선연)

학 명 : *Clematis apiifolia* DC.

분 류 : 미나리아재비과

분 포 : 산, 들

높 이 : 길이 3 m 덩굴식물

개 화 : 7~9월 (흰색)

열 매 : 9~10월

생약명 : 여위, (위령선)

독성분 : 성분으로는 anemonol, clematiscampher, clematin, labenzyme, saponin 등이 있는데, 이중 아네모롤(anemonol)이 주요 독성분인 것으로 알려져 있다.

발 병 : 관절통의 민간요법으로 피부에 도포하다가 부작용이 나타난다. 연한 잎과 꽃잎을 식용하기도 하지만 주의해야 한다.

증 상 : 주로 접촉성 피부질환(접촉성 피부염, 수포, 홍반 등)을 유발한다.

치 료 : 해독제는 없으며, 접촉된 피부를 깨끗이 세척하며, 증상에 따라서 보존적인 치료를 시행한다.

증례

[대한피부과학회지 2002:40(2):143-146]

(제목) 사위질빵(*Clematis apiifolia* A.P .DC.)에 의한 원발성 접촉피부염 2예

(내용) 74세 남자가 관절염 치료를 위하여 사위질빵 뿌리를 갈아서 관절에 바르고 30분 경과후 통증을 동반한 대수포를 형성한 피부염이 발생하였다. 69세 남자가 외상성 관절통을 치료하기 위하여 사위질빵 뿌리를 갈아서 관절에 바르고 30분 후에 수포와 통증이 발현하였다.

✽ 참으아리

풀의 줄기가 튼튼하여 잘 끊어지지 않자 '으악' 하고 놀랐다는 데서 '으아리' 라고 부르게 되었다고 한다.

일반명 : 왕으아리, 국화으아리, 구와으아리, 음등덩굴, 주름으아리

학 명 : *Clematis terniflora* DC.

분 류 : 미나리아재비과

분 포 : 산기슭 (울릉도)

높 이 : 길이 5 m 덩굴식물

개 화 : 7~9월 (흰색)

열 매 : 8~9월

생약명 : 위령선

독성분 : 뿌리에는 oleanolic acid와 hederagenin의 배당체로 이루어진 saponin인 아네모닌(anemonin)과 clematoside가 함유되어 있다. 또한, 잎에 함유된 protoanemonin이 피부에 접촉되면 수포를 포함한 피부질환을 유발한다.

발 병 : 어린 순은 식용이 가능하지만 성장한 잎이나 줄기, 액즙 등은 중독을 유발한다.

발 현 : 수 분 이내에 증상이 나타난다.

기 타 : 입에 넣으면 구강의 심한 통증과 궤양이 발생하고, 피부에 닿으면 수포를 포함한 피부증상이 나타난다. 해독제는 없으며, 입이나 피부에 닿은 경우에는 물로 세척한다.

✽ 인동덩굴

겨울까지 잎이 붙어 있어 춥고 긴 겨울을 참고 견딘다는 의미로 인동(忍冬)이라고 한다.

일반명 : 인동, 금은화, 능박나무, 털인동덩굴, 우단인동, 우단인동덩굴, 섬인동

학 명 : Lonicera japonica Thunb.

분 류 : 인동과

분 포 : 전국

높 이 : 길이 3~4 m 덩굴성 관목

개 화 : 6~7월 (백색 노랑색)

열 매 : 9~10월 (검정색)

생약명 : 금은화

기 타 : 유독성분에 대한 정확한 자료는 없으며, 증상에 따라 보존적 치료를 한다.

증례

[생약학회지 2003:34(3):256-262]

(제목) 인동 추출물의 성장호르몬 유발 효과

(내용) 쥐를 이용한 동물실험에서, 인동에 함유된 성분들 중에서 ochnaflavone은 대조군보다 3배 이상의 성장호르몬을 유발하는 효과를 보였다.

✽ 마삭줄

삼으로 만든 밧줄인 마삭(麻索)과 줄기가 비슷하여 마삭줄이라는 이름이 붙었다.

일반명 : 겨우사리덩굴, 마삭덩굴, 마삭나무, 마삭풀, 민마삭나무, 민마삭줄, 왕마삭줄, 왕마삭나무, 조선마삭나무

학　명 : *Trachelospermum asiaticum* (Siebold & Zucc.) Nakai var. *asiaticum*

분　류 : 협죽도과

분　포 : 산과 들의 그늘진 곳

높　이 : 길이 5 m 덩굴식물

개　화 : 5~6월 (흰색, 노란색)

열　매 : 8~9월

생약명 : 낙석등

독성분 : 마삭줄에는 lignan계 화합물(arctigenin, arctiin, matairesinol 등)이 많으나 인체독성에 대한 정확한 자료는 없는 실정이다.

기　타 : 소화기 증상이 주로 나타날 것으로 사료되고, 증상에 따라서 보존적 치료를 한다.

✽ 조름나물

일반명 : -

학　명 : *Menyanthes trifoliata* L.

분　류 : 조름나물과

분　포 : 연못, 늪 (대관령, 삼척이북)

높　이 : 20~35 cm (여러해살이풀)

개　화 : 7~8월 (흰색)

열　매 : 8~9월

생약명 : 수엽초

독성분 : 잎에는 monoterpene 배당체인 loganin, secologanin, metafolin 등이 함유되어 있으며, 독성분인 알칼로이드도 극소량인 0.035% 들어있다.

기　타 : 중독증상은 소화기 증상일 것으로 사료되며, 증상에 따라서 보존적 치료를 한다.

✽ 쉽싸리

일반명 : 개조박이, 쉽사리, 택란, 털쉽사리, (지삼, 지순, 지과인묘)

학　명 : *Lycopus lucidus* Turcz.

분　류 : 꿀풀과

분　포 : 습지

높　이 : 1 m (여러해살이풀)

개　화 : 7~8월 (흰색)

열　매 : 10월

생약명 : 택란

독성분 : 잎과 줄기에 diterpene 화합물, triterpenoid 화합물, lycopose 등이 함유되어 있으나, 인체독성에 대한 전문자료는 없는 실정이다.

발　병 : 연한 잎은 식용이 가능하지만 주의해야 한다.

기　타 : 소화기 증상이나 접촉성 피부질환이 주로 나타날 것으로 사료되고 해독제는 없으며, 증상에 따라서 보존적인 치료를 한다.

증례

[생약학회지 1991:22(3):162-165]

(제목) 쉽싸리 전초의 성분 연구(II)

(내용) 전초에서 4종의 triterpenoid 화합물이 분리되었으며, betulinic acid, oleanolic acid, 3-epimaslinic acid 및 euscapic acid로 분석되었다.

❀ 질경이택사

질긴 목숨이라는 뜻에서 질경이라는 단어를 이용하는데, 질경이와 택사의 합성어로 생각된다. 한방에서는 뿌리 말린 것을 택사라고 하는데, 한자어(澤:못 택, 瀉: 쏟을 사)로는 '연못에 쏟아 부은 듯 많다' 는 뜻에서 유래되었다.

일반명 : (수사, 망우, 소택나물, 쇠귀나물, 쇠태나물, 택사, 택지)

학 명 : *Alisma orientale* (Sam.) Juz.

분 류 : 택사과

분 포 : 습지, 물속

높 이 : 60~90 cm (여러해살이풀)

개 화 : 7~8월 (흰색)

열 매 : 8월

생약명 : 택사, 택지

독성분 : 잎과 줄기는 알칼로이드(alkaloid)의 독성분과 damarane계 saponin인 alisol A, B 및 alisolmonoacetate 등을 함유하고 있다.

발 병 : 연한 잎은 식용이 가능하지만 유독성분이 있으므로 날 것으로 먹지 말아야 하며, 끓는 물에 데쳐 여러 날에 걸쳐 독을 충분히 우려낸 다음 조리한다.

V / S : 고혈압

증 상 : 비뇨기 증상(배뇨장애, 부종 등)과 함께 설사가 동반된다.

검 사 : 신기능(renal function) 검사를 한다.

치 료 : 해독제는 없으며, 경구로 섭취한 경우에는 초기에 독성제거술(위세척, 활성탄)을 시행하면서 증상에 따라서 보존적인 치료를 한다.

✽ 고삼

맛이 쓰므로 고(苦)라는 글자를 사용하고 효능이 인삼과 비슷하여 삼(參)이라는 글자를 사용한다. 뿌리의 생김새 때문에 도둑놈의 지팡이라는 명칭도 있으며, 뱀이 자주 쉬어 간다고 하여 '뱀의정자' 라고도 한다.

일반명 : 너삼, 넓은잎능암, 느삼, 도둑놈의지팡이, 뱀의정자나무, (고골, 백경, 뱀의정자, 산두근, 아괴)

학　명 : *Sophora flavescens* Solander ex Aiton

분　류 : 콩과

분　포 : 산

높　이 : 1~1.2 m (여러해살이풀)

개　화 : 6~8월 (연한 노란색)

열　매 : 9~10월

생약명 : 고삼

독성분 : 뿌리에는 마트린(matrine), oxymatrine, allomatrine 등의 알카로이드가 약 2% 함유되어 있으며, 이외에도 플라보노이드, 이소안하이드, 로이카린 등이 함유되어 있다.

병　태 : 동물실험에서 마트린을 과량 투여하면, 중추신경계를 자극하여, 경련, 횡격막 마비, 근육마비 등을 유발한다. 이외에도 마트린은 이뇨작용, 혈압상승작용, 자궁수축작용 등이 있다.

발　병 : 연한 잎은 식용하지만 독성이 강하므로, 끓는 물에 데친 후 흐르는 물에 충분히 우려낸 다음에 조리해야 한다.

증　상 : 독성성분상 소화기 증상(구토, 복통, 설사 등)과 신경증상(흥분, 의식장애 등), 호흡장애 등이 나타날 것으로 추정된다.

치　료 : 해독제는 없으며, 경구로 섭취한 경우에는 초기에 독성제거술(위세척, 활성탄, 하제)을 시행하면서 증상에 따라서 보존적인 치료를 한다.

증례

[대한의협회지 2005:48(4):302-408]

(제목) 생약제의 부작용;신경계 부작용을 보이는 약제

(내용) 고삼에 함유된 matrine은 호흡근육 및 횡격막의 마비를 유발할 수 있다.

✽ 복수초

늦겨울의 눈을 뚫고 황금색의 꽃이 피는 형상이 복(福)과 장수(長壽)를 가져다 줄 것이라는 의미에서 명명되었다.

일반명 : 가지복수초, 가지복소초, 눈색이속, 복풀, (눈색이꽃, 설련화, 원일초, 얼음새꽃, 정수화)

학　명 : *Adonis amurensis* Regel & Radde

분　류 : 미나리아재비과

분　포 : 숲속 습기가 많은 그늘

높　이 : 10 30 cm (여러해살이풀)

개　화 : 2~4월 (노란색), 꽃이 먼저 피고 잎이 나온다.

열　매 : 6~7월

생약명 : 복수초, 측금잔화

독성분 : 뿌리에는 강심배당체인 cymarin 배당체와 아도니톡신(adonitoxin)이 함유되어 있다.

발　병 : 연한 잎은 식용이 가능하지만 끓는 물에 데친 후 2~3일간 흐르는 물에 우려내야만 유독성분이 빠진다.

V / S : 부정맥

증　상 : 부정맥 등의 심혈관계 독성과 소화기 증상이 주로 나타날 것으로 사료된다.

검　사 : 심전도

치　료 : 해독제는 없으며, 증상에 따라 보존적인 치료를 한다.

✿ 좀꿩의다리

일반명 : 큰꿩의다리, 틈벨구꿩의다리, 다닥좀꿩의다리, 큰키꿩의다리, 흰좀꿩의다리, 무늬좀꿩의다리, 좀가락풀(북)

학 명 : *TThalictrum kemense* var. *hypoleucum* (Siebold & Zucc.) Kitag.

분 류 : 미나리아재비과

분 포 : 산기슭, 숲 그늘

높 이 : 40~120 cm (여러해살이풀)

개 화 : 7~8월 (황록색)

열 매 : 8~9월

생약명 : 고원초, 당송초, (동아당송초, 시아당송초)

독성분 : 주요 독성분은 줄기와 잎에 주로 있는데, 알칼로이드(alkaloid) 화합물인 magnoflorine, takatonine, thalicberine 등이다.

발 병 : 연한 잎은 식용이 가능하지만 끓는 물에 데친 후 흐르는 물에 충분히 우려내야만 유독성분이 빠진다. 식용식물인 삼지구엽초와 혼동하여 섭취하는 경우에 중독사고가 발생한다.

치 료 : 해독제는 없으며, 증상에 따라 보존적 치료를 시행한다.

✽ 금매화

금빛으로 피어나는 매화처럼 진한 노란색의 꽃잎과 진하게 풍겨오는 향기에서 이름이 유래되었다.

일반명 : (금련화)

학 명 : *Trollius ledebourii* Rchb.

분 류 : 미나리아재비과

분 포 : 높은 산의 습지

높 이 : 40~80 cm (여러해살이풀)

개 화 : 7~8월 (진한 노란색)

열 매 : 8~10월

생약명 : 금매화

기 타 : 소화기 증상이 주로 나타날 것으로 사료되고 해독제는 없으며, 증상에 따라서 보존적인 치료를 한다.

✽ 고추나물

열매의 모양이 고추를 닮아서 붙여진 이름이다

일반명 : (교초재, 배초, 배향초, 연교, 어아리나물, 연교초, 제절초)

학 명 : *Hypericum erectum* Thunb.

분 류 : 물레나물과

분 포 : 들판의 약간 습한 곳

높 이 : 60~80 cm (여러해살이풀)

개 화 : 7~8월 (노란색)

열 매 : 9~10월

생약명 : 소연교, 소련교, 전기황, (소연요)

독성분 : 줄기와 잎에는 tannin과 안트로퀴논(anthroquinone)계 색소인 hypericin이 함유되어 있다.

발 병 : 어린 잎은 식용이 가능하지만 끓는 물에 살짝 데친 후 식용해야 한다.

기 타 : 소화기 증상이 주로 나타날 것으로 사료되고 다량 섭취하는 경우에는 hypericin의 독작용에 의하여 피부의 염증이 발생할 수 있다. 증상에 따라서 보존적인 치료를 한다.

✽ 여우오줌

뿌리에서 심한 찌린내가 난다고 하여 붙여진 이름이다.

일반명 : 왕담배풀

학　명 : *Carpesium macrocephalum* Franch. & Sav.

분　류 : 국화과

분　포 : 산지의 건조한 숲속

높　이 : 1 m (여러해살이풀)

개　화 : 8~9월 (노란색)

열　매 : 10월

생약명 : 학충

감　별 : 긴담배풀의 줄기에는 털이 있지만 여우오줌의 줄기에는 털이 없다는 것이 다르다.

기　타 : 소화기 증상이 주로 나타날 것으로 사료되고, 증상에 따라서 보존적 치료를 한다.

✽ 긴담배풀

일반명 : 천일초

학 명 : *Carpesium divaricatum* Siebold & Zucc.

분 류 : 국화과

분 포 : 전국의 산과 들

높 이 : 25~150 cm (여러해살이풀)

개 화 : 8~10월 (황록색)

열 매 : 9~10월

생약명 : 야연, 도개국

감 별 : 독초인 여우오줌은 줄기에 털이 없지만 긴담배풀은 줄기에 털이 있다.

독성분 : 전초(全草)에 carabrol, carabrone, carpesialactone, carpesiolin 등이 함유되어 있으며, 디테르펜이 주요 독성분이라고 보고되고 있다.

발 병 : 어린 순을 나물이나 국거리, 차 등으로 식용하는데, 끓는 물에 데친 후 2~3일간 흐르는 물에 우려내야만 유독성분이 빠진다.

기 타 : 해독제는 없으며, 증상에 따라서 보존적 치료를 시행한다.

✿ 담배풀

잎이 담배의 잎과 닮았다 하여 담배풀이라 한다.

일반명 : 담배나물, 학슬

학 명 : *Carpesium abrotanoides* L.

분 류 : 국화과

분 포 : 들이나 산기슭

높 이 : 50~100 cm (두해살이풀)

개 화 : 8~9월 (노란색)

열 매 : 9월

생약명 : 천명정

독성분 : 전초(全草)에 carabol, carabrone, carpesialactone, carpesiolon 등이 함유되어 있다.

기 타 : 어린 순은 식용하며, 중독증상에 따라서 보존적 치료를 한다.

✽ 뱀딸기

일반명 : 배암딸기, 큰배암딸기, 홍실뱀딸기, (가락지나물, 사매, 야양매)

학　명 : *Duchesnea indica* (Andr.) Focke

분　류 : 장미과

분　포 : 풀밭, 논둑, 산

높　이 : 20 cm (여러해살이풀)

개　화 : 4~5월 (노란색)

열　매 : 6월

생약명 : 사매, 야장매, 지매

발　병 : 봄에 연한 잎과 줄기를 삶아 나물로 먹거나 된장국을 끓여 먹는데, 날것으로 나물을 해 먹거나 열매를 많이 먹으면 중독증상이 발생할 수 있다.

기　타 : 소화기 증상이 주로 나타날 것으로 사료되고, 증상에 따라서 보존적 치료를 한다.

✽ 진득찰

만지면 진득진득하고 잘 달라붙는다고 하여 붙여진 이름이다.

일반명 : 민진득찰, 진둥찰, 찐득찰, 희첨

학　명 : *Sigesbeckia glabrescens* Makino

분　류 : 국화과

분　포 : 전국

높　이 : 40~100 cm (한해살이풀)

개　화 : 8~9월 (노란색)

열　매 : 10월

생약명 : 희렴, 희첨

독성분 : 진득찰의 주요 성분은 orientalide, pubetalin, darutin, dartpsode 등이지만, 이외에도 미량의 독성분 (알칼로이드와 사포닌)이 함유되어 있는 것으로 알려져 있다.

기　타 : 소화기 증상이 주로 나타날 것으로 사료되고, 증상에 따라서 보존적 치료를 한다.

✽ 털진득찰

진득찰은, 만지면 진득진득하고 잘 달라붙는다고 하여 붙여진 이름이고, 줄기와 잎에 털이 있어서 털진득찰이라고 한다.

일반명 : -
학 명 : *Sigesbeckia pubescens* (Makino) Makino
분 류 : 국화과
분 포 : 전국
높 이 : 50~100 cm (한해살이풀)
개 화 : 8~9월 (노란색)
열 매 : 10월
생약명 : 희렴, 희첨, (휜선, 풍습초)
독성분 : 전초(全草)에 diterpene 화합물인 pimaric acid 유도체, kaurene 유도체, kirenol, siegesbeckic acid 등이 함유되어 있다.
발 병 : 어린 잎만 식용이 가능하므로 주의해야 한다.

✿ 서양민들레

일반명 : 양민들레, 포공영

학 명 : *Taraxacum officinale* Weber

분 류 : 국화과

분 포 : 길가, 공터

높 이 : 10~20 cm (여러해살이풀)

개 화 : 3~9월 (노란색)

열 매 : (갈색)

생약명 : 포공영

독성분 : 전초(全草)에 taraxasterol, amyrin, taraxol, sesquiterpene 화합물 등이 함유되어 있다.

감 별 : 서양민들레는 꽃을 바치는 총포가 바깥으로 뻗어있지만, 민들레는 곧게 서있다.

독성분 : 뿌리에는 독성이 있는 것으로 알려져 있으며, 또한, 공기 중의 중금속이나 오염물질을 흡착하는 성질이 있어 잘못 먹으면 오히려 해롭다.

기 타 : 소화기 증상이 주로 나타날 것으로 사료되고, 증상에 따라 보존적 치료를 한다.

✽ 현삼

일반명 : (귀장, 중대, 축마, 현대)

학　명 : *Scrophularia buergeriana* Miq.

분　류 : 현삼과

분　포 : 산지

높　이 : 80~150 cm (여러해살이풀)

개　화 : 8~9월 (황록색)

열　매 : 9월

생약명 : 원삼, 현삼, 흑삼

독성분 : 뿌리에는 harpagide, phytosterol, 헤스페리딘과 디오스민 등의 배당체와 소량의 알칼로이드가 함유되어 있다. 인체독성에 대한 것은 명확하지 않다.

기　타 : 중독증상은 주로 소화기증상일 것으로 사료되며, 보존적 치료를 시행한다.

✽ 쑥

아무데서나 쑥~쑥~ 자란다고 하여 '쑥' 이라는 명칭이 생겼으며, 옛말에 '3월의 쑥은 인진쑥, 4월의 쑥은 개똥쑥' 이라 하여 음력 3월에 채취한 것은 약효가 높지만 4월 이후에 채취한 것은 약효가 없거나 독성이 있다고 한다.

일반명 : (댕강쑥, 사철쑥, 사재발쑥, 생당쑥, 바로쑥, 약쑥)

학 명 : *Artemisia princeps* var. *orientalis*

분 류 : 국화과

분 포 : 양지바른 풀밭

높 이 : 60~120 cm (여러해살이풀)

개 화 : 7~9월 (연황색)

열 매 : 9~10월

생약명 : 애엽, 애, (인진쑥)

독성분 : 잎에는 eucalyptol, thujone, caffeoylquinic acid 등이 함유되어 있지만, 인체독성에 대한 자료는 부족한 실정이다.

발 병 : 쑥은 독성이 없다고 알려져 있지만, 봄 이후에 채취한 쑥은 독성이 있을 것으로 추정되는데, 간질환 환자가 민간요법으로 쑥을 복용하면서 중독되기도 한다. 여름 이후에는 식용하지 않는 것이 바람직하다.

증 상 : 간기능 이상(황달, 간부전증 등)을 유발한다.

검 사 : 간기능검사

치 료 : 해독제는 없으며, 증상에 따라서 보존적인 치료를 한다.

증례

[대한임상독성학회지 2008:6(2):110-116]

(제목) 식물제제와 연관된 급성 독성 간염으로 인한 간이식

(내용) 식물제제의 섭취로 인하여 발생한 독성 간염으로 간이식을 받은 환자 12명 중 1명(37세/남자)은 인진쑥을 먹은 후에 간부전증이 발병하였다.

❀ 미역취

잎을 먹으면 미역맛이 난다고 하여 붙여진 이름이다.

일반명 : 돼지나물, (지황화)

학　명 : *Solidago virgaurea* subsp. *asiatica* Kitam. ex Hara var. *asiatica*

분　류 : 국화과

분　포 : 산속의 풀밭 또는 나무밑

높　이 : 40~80 cm (여러해살이풀)

개　화 : 7~8월 (노란색)

열　매 : 9~10월

생약명 : 일지황화, 토택란

독성분 : 전초(全草)에 matricarialactone, polygalacic acid, virgaureoside A 등이 함유되어 있지만, 인체독성에 대한 정확한 자료는 없다.

발　병 : 봄에는 어린 잎을 식용하지만 독성이 있으므로 반드시 삶아서 먹어야 한다.

기　타 : 소화기 증상이 주로 나타날 것으로 사료되고, 증상에 따라서 보존적 치료를 한다.

✿ 털머위

잎이 먹물처럼 짙푸르다고 하여 머구 또는 머위라고 하는데, 잎에 털이 있어서 털머위라고 명명된다.

일반명 : 갯머위, 말곰취, 넓은잎말곰취

학 명 : *Farfugium japonicum* Kitam.

분 류 : 국화과

분 포 : 주로 바닷가 숲속 (울릉도. 제주도, 남해안)

높 이 : 35~60 cm (여러해살이풀)

개 화 : 9~10월 (노란색)

열 매 : 10월 (흑갈색)

생약명 : 연봉초

감 별 : 머위 잎은 부드럽고 연한 녹색이지만, 털머위는 잎이 짙은 녹색이며 두껍고 표면에 윤채가 나며 갈색 털이 많다(page 25 참조).

발 병 : 연한 잎은 식용이 가능하지만 물에 충분히 우려내서 유독성분을 빼고, 끓는 물에 다시 데친 후 식용해야 한다.

✽ 대황

대황(大黃)이라는 이름을 보면 색이 황색이고 크기가 큰 식물이라는 것을 알 수 있다.

일반명 : 당대황, (장군풀)

학　명 : *Rheum rhabarbarum* L.

분　류 : 마디풀과

분　포 : 산골짜기의 습지

높　이 : 30~100 cm (여러해살이풀)

개　화 : 6~8월 (황백색)

열　매 : 8월

생약명 : 대황, 대황경

독성분 : 뿌리에는 안트라키논(anthraquinone glycoside)류인 chrysophanol, emodin, rhein 등과 배당체, dianthron 배당체인 sennooside A~F, tannin이 함유되어 있다.

발　병 : 연한 잎과 줄기는 식용이 가능하지만 독성이 있으므로 반드시 끓는 물에 삶아서 먹어야 한다.

기　타 : 소화기 증상(복통, 설사 등)이 주로 나타나고, 증상에 따라서 보존적 치료를 한다.

✽ 토란

뿌리는 달걀 모양과 유사하여 흙에서 나는 알이라는 뜻에서 토란(土卵)이라고 명명되었다.

일반명 : 토련, (고은대, 백우, 우두, 우경, 토지)

학 명 : *Colocasia esculenta* (L.) Schott

분 류 : 천남성과

분 포 : 습한 곳 (재배용)

높 이 : 1 m (여러해살이풀)

개 화 : 8~9월 (노란색)

생약명 : 야우

독성분 : 토란은 약간 아린 맛이 나는데 시아노글루코사이드(cyanoglucoside), 수산석회(calciumoxalate), 호모젠티스산(homogentisic acid) 등의 성분 때문이며, 소금물에 담거나 삶으면 독성이 제거된다.

발 병 : 뿌리는 식용하지만 흐르는 물에 충분히 우려낸 후 익혀야만 독성이 없어진다.

✽ 윤판나물

노란색 꽃이 고고하게 핀 것을 보고 판서나으리 같다고 하여 윤판서에서 유래 되었을 것으로 유추한다.

일반명 : 금윤판나물, 대애기나리, 큰가지애기나리

학 명 : *Disporum uniflorum* Baker

분 류 : 백합과

분 포 : 산지

높 이 : 30~60 cm (여러해살이풀)

개 화 : 4~6월 (노란색)

열 매 : 7~8월 (검정색)

생약명 : 석죽근

발 병 : 어린 순은 나물로 식용하지만 독성이 있으므로 끓는 물에 데쳐서 조리해야 한다.

기 타 : 소화기 증상이 주로 나타날 것으로 사료되고, 증상에 따라서 보존적 치료를 한다.

✽ 원추리

최초에는 중국 이름인 훤초(萱草)였으나 우리나라에서 발음이 어려워지면서, 훤초→ 원초→ 원추→ 원추리로 변하였을 것으로 추정된다.

일반명 : 겹첩넘나물, 넘나물, 들원추리, 큰겹원추리, 홑왕원추리, (근심풀이풀, 망우초)

학 명 : *Hemerocallis fulva* L.

분 류 : 백합과

분 포 : 산지의 양지 바른 곳

높 이 : 50~100 cm (여러해살이풀)

개 화 : 6~8월 (노란색, 주황색)

열 매 : 8월

생약명 : 금침채, 선초근, 훤초, 훤초근

독성분 : 원추리 꽃잎에는 강력한 항산화 성질을 가지고 있는 나프탈렌 배당체인 스텔라데롤이 있으며, 전초에는 사포닌과 tropoid 알칼로이드인 colchicine이 함유되어 있다.

발 병 : 연한 잎과 줄기는 식용이 가능하지만 미약한 독성이 있으므로 끓는 물에 충분히 데친 후에 조리해야 한다.

발 현 : 섭취 후 약 30~60 분 정도에 중독증상이 발현한다.

증 상 : 소화기증상(구토, 구역질, 설사 등)과 어지럼증이 주로 발현한다.

치 료 : 해독제는 없으며, 중독증상에 따라서 보존적인 치료를 한다.

결 과 : 대부분 자연 치유된다.

증례

(경향신문 2009.03.16) (연합뉴스 2009.03.16)

분당의 대형 쇼핑몰의 직원 700여명이 원추리나물을 먹은 후 이중 80여명은 1시간 이내에 구토, 구역질, 설사, 어지럼증이 발생하여 병원에서 치료를 받았다.

만년청

오랫동안 푸르름을 유지하기 때문에 만년 동안 푸르다는 의미에서 붙여진 이름이다.

일반명 : -

학 명 : *Rohdea japonica* (Thunb.) Roth

분 류 : 백합과

분 포 : 난대지방

높 이 : 10~20 cm (여러해살이 풀)

개 화 : 5~7월 (노란색)

열 매 : 7월 (붉은색, 노란색)

생약명 : 만년청

독성분 : 뿌리에 로데인(rhodein), rhodeatoxin, rhodexin, thodeasaponin 등의 강심배당체(cardiac glycoside)가 함유되어 있다.

기 타 : 심혈관계 증상과 소화기 증상이 주로 나타날 것으로 사료되고, 해독제는 없으며 증상에 따라서 보존적인 치료를 한다.

회향

중국어인 회향(茴香)에서 유래되었는데, 건조와 유사한 향기가 나는 풀이라는 라틴어 Poenum이 어원이다.

일반명 : (대회향, 소회향, 각회향, 회향풀)

학 명 : *Foeniculum vulgare* Mill.

분 류 : 산형과

분 포 : (재배용)

높 이 : 2 m (여러해살이풀)

개 화 : 7~8월 (노란색)

열 매 : 8~9월

생약명 : 회향

독성분 : 과실에 정유가 5% 정도 함유되어 있으며, 주성분은 anethole인데 인체독성에 대한 정확한 자료는 없는 실정이다.

기 타 : 회향의 정유성분은 진정작용과 최면작용이 있으며, 중독증상이 나타나면 보존적 치료를 시행한다.

✽ 덩굴옻나무

일반명 : -
학　명 : *Rhus ambigua* H.Lev.
분　류 : 옻나무과
분　포 : 산
높　이 : 길이 3 m 덩굴식물
개　화 : 5월 (연황색)
열　매 : 6월 (연황색)
생약명 : -
기　타 : 접촉에 의한 피부질환이 주로 나타날 것으로 사료되며, 해독제는 없다.

✽ 꼭두서니

남사당패의 우두머리인 꼭두쇠(모가비)의 복장에서 유래되었는데, 뿌리로 꼭두색(붉은색 염료를 만들기)때문에 유래되었다고 한다.

일반명 : 꼭두선이, 가삼자리, (갈퀴잎, 꼭두선)

학　명 : *Rubia akane* Nakai

분　류 : 꼭두선이과

분　포 : 전국

높　이 : 길이 1 m 덩굴 식물

개　화 : 7~8월 (연한 노란색)

열　매 : 8~9월 (검정색)

생약명 : 천근, 천초

독성분 : 뿌리에 색소화합물인 oxyanthraquinone에 속하는 purpurin, lucidin, xanthopurpurin 등이 있고 saponin, terpenoid, steroid, anthraquinone, alizarin이 함유되어 있다.

기　타 : 어린 잎은 식용하지만, 뿌리는 주로 염료(붉은색)로 이용되는데 유독하므로 주의해야 한다.

증례

[생약학회지 1989:23(3):149-153]

(제목) 국내 자생식물의 화학성분 검색(I)

(내용) 국내의 5개 자생식물(쐐기풀과, 노박덩굴과, 갈매나무과, 벽오동과, 꼭두서니과)에 대하여 화학성분을 분석한 결과, 함량에 약간의 차이는 있지만 saponin, terpenoid, steroid, anthraquinone, flavonoid가 확인되었다.

[대한의사협회지 2005:48(4):302-408]

(제목) 생약제의 부작용;생약제의 안정성 검토

(내용) 유럽의 여러 나라에서 요석을 치료하기 위하여 사용하는 생약제인 꼭두서니가 암을 일으킬 가능성이 제기되었으며, 동물 발암성 시험결과 콩팥과 간에서 암을 일으킨다는 사실이 확인되었다.

댕댕이덩굴

'댕댕이' 라는 단어는 순수 우리말로 '켕기어 팽팽하다' 라는 뜻인데, 덩굴이 질기고 튼튼하여 가정에서 세공재료로 널리 사용되어 왔기에 명명된 것 같다.

일반명 : 댕강덩굴, 끗비돗초, (댕강넝쿨, 댕담이덩굴)

학　명 : *Cocculus trilobus* DC.

분　류 : 방기과

분　포 : 산, 들

높　이 : 길이 3 m 낙엽성 덩굴식물

개　화 : 5~6월 (황백색)

열　매 : 6~10월 (검정색)

생약명 : 방기, 목방기

독성분 : 뿌리와 줄기에 트릴로빈(trilobine), 이소트릴로빈(isotrilobine), 호모트릴로빈(homotrilobine), 트릴로바민(trilobamine), 노르메니사린(normenisarine), 콕쿨로빈(coclobine)과 같은 알칼로이드와 염기인 마그노플로린(magnoflorine)이 있다. 이외에도 아리스톨로크산(aristolochic acid)이 포함되어 있다.

병　태 : 아리스톨로크산은 신섬유화증을 유발하여 신손상이 발생하고, 트릴로빈(trilobine)은 온혈동물의 호흡중추와 심장을 마비시킨다.

발　병 : 어린 순은 식용이 가능하지만 끓는 물에 데치거나 흐르는 물에 우려낸 후 조리해야 한다.

기　타 : 소화기 증상과 비뇨기계 증상이 주로 나타날 것으로 사료되지만 사람에서도 호흡기 증상과 심혈관계 증상이 발현할 수 있다. 해독제는 없으며, 증상에 따라서 보존적인 치료를 한다.

증례

[대한한의학회지 2007:28(1):1-10]

(제목) 최근 독성 문제가 제기된 한약재에 대한 고찰

(내용) 최근에 한약재이면서 독성이 있다고 발표되는 각종 약재(마황, 으름, 댕댕이덩굴, 쥐방울덩굴, 족도리풀, 황금 등)에 대하여 독성분과 인체독성의 주요 부분을 기술하고 있다.

✽ 개버무리

꽃이 질서 없이 핀다고 하여 개버무리라고 불린다.

일반명 : 개버머리, 꽃버무리, 으아리꽃

학　명 : *Clematis serratifolia* Rehder

분　류 : 미나리아재비과

분　포 : 숲 가장자리, 냇가

높　이 : 길이 2 m 덩굴나무

개　화 : 8~9월 (노란색)

열　매 : 9월

생약명 : 투골초

발　병 : 어린 잎은 식용이 가능하지만 뜨거운 물에 데친 후 2~3일간 흐르는 물에 우려내야만 유독성분이 빠진다.

기　타 : 독성분에 대한 자료는 없으며, 중독증상에 따라서 보존적 치료를 한다.

✽ 새모래덩굴

새모래덩굴의 '새' 라는 의미는 타 식물의 접두사인 '개' 와 마찬가지로, 기본종에 비해서 품질이 낮거나 모양이 다르다고 여긴데서 유래되었다.

일반명 : (편복갈, 편복갈근)

학　명 : *Menispermum dauricum* DC.

분　류 : 방기과

분　포 : 산, 길가

높　이 : 길이1~3 m (덩굴성 여러해살이풀)

개　화 : 5~6월 (노란색)

열　매 : 7~9월 (검정색)

생약명 : 편복갈, 만주방기

독성분 : 주요 독성분은 뿌리에 있는데, 인돌 알칼로이드(indol alkaloid)인 dahuricine, tetrandrine, dahurinoline 등이다.

기　타 : 소화기 증상이 주로 나타날 것으로 사료되고, 증상에 따라 보존적 치료를 한다.

✽ 등칡

일반명 : 긴쥐방울, 등칙, 칡향, 큰쥐방울

학　명 : *Aristolochia manshuriensis* Kom.

분　류 : 쥐방울덩굴과

분　포 : 산기슭

높　이 : 길이 10 m, 낙엽 덩굴식물

개　화 : 5월 (노란색)

열　매 : 6~9월

생약명 : 관목통, 통초

독성분 : 독성분은 aristolochic acid로서 주로 줄기에 함유되어 있는데, aristolochic acid은 신독성(nephrotoxicity)이 있으므로 주의해야 한다.

기　타 : 소화기 증상과 신독성이 주로 나타나며, 증상에 따라서 보존적 치료를 한다.

✽ 송악

일반명 : 담장나무, 큰잎담장나무, (소밥나무)
학　명 : *Hedera rhombea* Bean
분　류 : 두릅나무과
분　포 : 해안 또는 섬의 숲속
높　이 : 길이 10 m 덩굴식물
개　화 : 10~11월 (황록색)
열　매 : 4~5월 (검정색)
생약명 : 상춘등, 상춘동자
독성분 : 잎과 줄기에는 triterpenoid saponin인 hederagenin, hederin, kizutasaponin 등이 함유되어 있다.
V / S : 호흡곤란
증　상 : 잎이나 줄기를 먹었을 경우에는 소화기 증상이 나타나면서 흥분상태로 되며, 호흡이 곤란해지고 혼수상태에 빠지게 되는 경우도 있다.

분류	증상 / 징후
소화기계	구역질, 구토, 복통, 설사, 타액(침) 증가 등
피부계	접촉성 피부염
신경계	흥분, 심한 갈증, 의식장애, 혼수 등

치　료 : 해독제는 없으며, 경구로 섭취한 경우에는 초기에 독성제거술(위세척, 활성탄)을 시행하면서 증상에 따라서 보존적인 치료를 한다.

✽ 아이비

아이비는 영문명인 'Ivy' 를 그대로 발음한 것이다.

일반명 : 서양송악, 미국담쟁이

학　명 : *Hedera helix*

분　류 : 두릅나무과

분　포 : 관상용

높　이 : 길이 1~30 m 덩굴식물

개　화 : (노란색)

열　매 : -

생약명 : -

기　타 : 독성분, 중독증상, 치료법 등은 송악과 거의 유사하다(page 173 참조).

✽ 창포

일반명 : 장포, 향포, 왕창포
학　명 : *Acorus calamus* L.
분　류 : 천남성과
분　포 : 연못가, 도랑가, (수생식물)
높　이 : 70 cm (여러해살이풀)
개　화 : 6~7월 (황록색)
열　매 : (검붉은색)
생약명 : 창포
독성분 : 뿌리에 있는 아사론(asaron)과 asarylaldehyde가 주요 독성분이다.
증　상 : 아사론은 발암물질로 간주되며, 이외에도 간독성과 생식독성이 보고되고 있다.
기　타 : 간기능검사를 시행하면서 증상에 따라 보존적 치료를 시행한다.

✽ 물쑥

물기가 많은 곳에서만 자라기 때문에 물쑥이라고 한다.

일반명 : 뺑쑥

학　명 : *Artemisia selengensis* Turcz. EX Besser

분　류 : 국화과

분　포 : 냇가, 강가, 습지

높　이 : 120 cm (여러해살이풀)

개　화 : 8~9월 (황갈색)

열　매 : 9~10월

생약명 : 금기노, 유기노

발　병 : 봄에는 뿌리줄기를 식용하지만 독성이 있으므로 유의해야 한다.

기　타 : 소화기 증상이 주로 나타날 것으로 사료되고, 증상에 따라서 보존적 치료를 한다.

✽ 개구리미나리

이 풀이 많이 자라는 곳에 개구리들도 많이 있어서 붙여진 이름이다.

일반명 : 개구리자리, 미나리바구지 (놋동이풀, 늪바구지, 모랑이)

학　명 : *Ranunculus tachiroei* Franch. & Sav.

분　류 : 미나리아재비과

분　포 : 습기가 많은 양지

높　이 : 50~100 cm (두해살이풀)

개　화 : 5~7월 (노란색)

열　매 : 7~9월

생약명 : 석룡예, 석룡예자

독성분 : 배당체 일종인 ranunculin이 주요 독성분이며, 식물조직이 손상되는 경우에는 ranunculin에 대한 효소의 분해작용으로 쉽게 protoanemonin이 유리되어 화학적 자극을 유발한다.

발　병 : 어린 순은 식용이 가능하지만 끓는 물에 데친 후 흐르는 물에 충분히 우려내야만 유독성분이 빠진다.

기　타 : 접촉성 피부염과 소화기 증상이 주로 나타날 것으로 사료되고 해독제는 없으며, 증상에 따라서 보존적인 치료를 한다.

증례

[대한피부과학회지 1999:37(10):1544-1548]

(제목) 개구리미나리에 의한 원발성 자극피부염 1예

(내용) 안면마비가 발생한 40세 남자가 민간치료를 위하여 개구리미나리를 찧어 발랐으며, 도포 12시간 후 안면부에 통증을 동반한 홍반과 수포가 발생하였다.

✽ 젓가락나물

자라면서 젓가락 처럼 억세지고 질겨져서 붙여진 이름이다.

일반명 : 젓가락풀, 작은젓가락나물, 좀젓가락나물, 애기젓가락풀, 애기젓가락바구지

학　명 : *Ranunculus chinensis* Bunge

분　류 : 미나리아재비과

분　포 : 들, 풀밭 (습기가 많은 곳)

높　이 : 40~80 cm (두해살이풀)

개　화 : 5~6월 (노란색)

열　매 : 6~7월

생약명 : 회화초

기　타 : 소화기증상과 접촉성 피부염을 유발할 것으로 사료되며, 보존적 치료를 한다.

갈풀

갈대를 닮은 풀이라는 뜻이다.

일반명 : 달
학　명 : *Phalaris arundinacea* L.
분　류 : 벼과
분　포 : 들, 물가
높　이 : 70~180 cm (여러해살이풀)
개　화 : 6월 (연녹색)
열　매 : 10월
생약명 : -
기　타 : 소화기 증상이 주로 나타날 것으로 사료되고 해독제는 없으며, 증상에 따라서 보존적인 치료를 한다.

흰갈풀 : 갈풀의 유사종으로 독성이 있다.

◀흰갈풀

✽ 만주족도리풀

작고 동그란 꽃모양이 새색시의 족두리와 비슷하여 붙여진 이름이다.

일반명 : 족두리, (족도리풀)

학　명 : *Asarum hoterotropoides* var. *mandshuricum(Maxim) kitag.*

분　류 : 쥐방울덩굴과

분　포 : 그늘진 곳

높　이 : 10~15 cm (여러해살이풀)

개　화 : 4~5월 (진한 갈색), 지면에서 꽃이 핀다.

열　매 : 6월

생약명 : 세신

독성분 : 뿌리에는 알칼로이드인 higenamine과 아리스톨로크산(aristolochic acid) 등이 함유되어 있으며, 아리스톨로크산은 신세포의 섬유화를 유발하여 신손상이 발생할 수 있다.

발　병 : 식용이 가능하지만 끓는 물에 데친 후 2~3일간 흐르는 물에 우려내야만 유독성분이 빠진다.

기　타 : 식물의 유액이 피부에 접촉되면 피부염을 유발하고, 경구로 섭취하면 소화기 증상(구역질, 구토, 복통 등)과 비뇨기과 증상을 일으킨다. 증상에 따라 보존적인 치료를 한다.

증례

[대한한의학회지 2007:28(1):1-10]

(제목) 최근 독성 문제가 제기된 한약재에 대한 고찰

(내용) 한약재이지만 언론에서 독성이 보고되고 있는 일부 한약재에 대하여 주요 독성분과 중독증상 등에 대하여 기술하고 있다.

✽ 개족도리풀

작고 동그란 꽃모양이 새색시의 족두리와 비슷하다고 하여 족도리로 명명되었으며, 잎에 얼룩이 있어서 개족도리라고 한다.

일반명 : 개족도리, 개족두리풀, 섬세신, 섬족도리, 섬족두리풀, 섬족도리풀, 알락족두리풀, 알룩세신

학　명 : *Asarum maculatum* Nakai

분　류 : 쥐방울덩굴과

분　포 : 그늘진 곳

높　이 : 10~15 cm (여러해살이풀)

개　화 : 4~5월 (진한 갈색), 지면에서 꽃이 핀다.

열　매 : 6월

생약명 : 세신

기　타 : 독성분, 중독증상이나 치료법 등은 족도리와 같다(page 180 참조).

✿ 산쪽풀

잎을 쪽풀과 같이 염료로 사용하기도 하여 산쪽풀이라는 이름이 붙여졌다.

일반명 : 산쪽

학 명 : *Mercurialis leiocarpa* Siebold & Zucc.

분 류 : 대극과

분 포 : 남쪽의 섬

높 이 : 25~50 cm (여러해살이풀)

개 화 : 3~5월 (녹색)

열 매 : 5월

생약명 : -

기 타 : 인체독성에 대한 국내자료는 없으며, 중독증상에 따라서 보존적 치료를 한다.

✽ 쐐기풀

자잘한 가시가 많아서 피부가 닿으면 마치 쐐기에 쏘인 것 같아서 붙여진 이름이다.

일반명 : -

학　명 : *Urtica thunbergiana* Siebold & Zucc.

분　류 : 쐐기풀과

분　포 : 숲 가장자리

높　이 : 40~80 cm

개　화 : 7~8월 (녹색)

열　매 : 8월

생약명 : 담마, 심마

독성분 : 가시에 포름산(개미산, formic acid), histamine, serotonin, substance P, urticin, neoolivile glycoside 등이 함유되어 있어서 찔리면 쐐기한테 쏘인 것처럼 아프다.

발　병 : 어린 순은 나물로 먹기도 하지만, 다른 부위는 주의해야 한다.

증　상 : 가시에 피부가 손상되어 통증과 피부염을 유발할 수 있으며, 경구로 섭취하면 소화기 증상이 발병할 수도 있다.

증례

[대한피부과학회지 2003:41(5):602-608]

(제목) 쐐기풀에 의한 접촉 두드러기의 발생 기전

(내용) 젊은 사람 22명을 대상으로 전향적 연구를 시행한 결과 쐐기풀에 노출되면 즉시 통증과 팽진이 발생하였으며, 증상이 소실되기까지는 3~4분이 경과하였다. 통증은 쐐기풀의 'substance P' 라는 성분에 의한 것으로 사료되고, 팽진은 주로 histamine에 의하여 발생하지만 부분적으로는 substance P나 serotonin에 의해서도 발생할 것으로 추정된다.

✽ 혹쐐기풀

쐐기풀과 비슷하지만 줄기 마디에 혹과 같은 것이 붙어있어서 붙여진 이름이다.

일반명 : 알쐐기풀

학　명 : *Laportea bulbifera* Wedd.

분　류 : 쐐기풀과

분　포 : 산지

높　이 : 40~70

개　화 : 7~9월 (녹색)

열　매 : 9월

독성분 : 가시에 포름산(개미산, formic acid), urticin, neoolivile glycoside 등이 함유되어 있어서 찔리면 쐐기한테 쏘인 것처럼 아프다.

증　상 : 줄기와 잎에는 작은 가시들이 많은데, 피부가 접촉되면 심한 통증과 함께 피부염을 유발한다. 증상에 따라서 보존적 치료를 시행한다.

✽ 소리쟁이

잎이 주름져 있어 바람이 불면 '쏴아~' 하는 소리가 나고, 늦여름에 열매가 익으면 바람이 불 때 요란한 소리가 난다고 하며, 줄기가 서로 부딪힐 때 소리가 난다고 하여 소리를 내는 소리꾼이라는 뜻으로 '소리쟁이' 라고 부르게 되었다고 전해진다.

일반명 : 긴소루쟁이, 송구지
학　명 : *Rumex crispus* L.
분　류 : 마디풀과
분　포 : 들
높　이 : 30~80 cm (여러해살이풀)
개　화 : 6~7월 (연초록색)
열　매 : 7월
생약명 : 양제, 양제근, 우이대황
독성분 : 뿌리에는 안트라퀴논(anthraquinone) 화합물인 chrysophanol, emodin, chrysophanolanthrone, nepodin 등과 옥살산염(oxalate)이 함유되어 있다.
발　병 : 연한 잎과 줄기는 식용이 가능하지만 끓는 물에 데친 후 물에 우려내야만 유독성분이 빠진다.
증　상 : 대량 섭취하거나 피부접촉 시에는 부작용이 나타나며, 장기간 섭취하는 경우에는 요로에 결석을 유발하기도 한다.

분 류	증상 / 징후
소화기계	복통, 설사, 간기능장애 등
피부계	접촉성 피부염
비뇨생식계	신결석, 요로결석
기 타	저칼슘증, 대사성 산증 등

치　료 : 해독제는 없으며, 증상에 따라서 보존적인 치료를 병용한다.

증례

[Vet Hum Toxicol 1990;32(5):468-70]

(제목) Fatal poisoning by *Rumex crispus* (curled dock); Pathological findings and application of scanning electron microscopy.

(내용) 53세 남자가 소리쟁이를 먹은 후 소화기증상(복통, 구토 등), 간기능장애, 대사성 산증, 저칼슘증 등이 발현하였다. 각종 보존적 치료에도 불구하고 환자는 72시간 후에 사망하였다. 조직검사에서는 간의 centrolobular hepatic necrosis, 간과 콩팥에서 birefringent crystals가 관찰되었다.

[J Am Vet Med Assoc 1990;196(12):1981-4]

(제목) Acute oxalate poisoning attributable to ingestion of curly dock in sheep.

(내용) 소리쟁이를 먹인 100마리의 양 중에서 10마리는 acute oxalate toxicosis가 발현하였다. 주요 중독증상은 타액 과다, 보행장애, 진전 등이었고, 소변검사에서는 oxalate crystals이 관찰되지 않았으나 조직검사에서는 perirenal edema와 renal tubular degeneration이 관찰되었다.

돼지풀

일반명 : 두두러기풀, 쑥잎풀, (누더기풀, 도둑풀)

학 명 : *Ambrosia artemisiifolia* L.

분 류 : 국화과

분 포 : 전국

높 이 : 1~2 m (한해살이풀)

개 화 : 8~9월 (녹색)

열 매 : 9월

생약명 : -

증 상 : 꽃가루는 알레르기성 비염과 호흡기 질환을 유발한다.

치 료 : 해독제는 없으며, 증상에 따라서 보존적 치료를 시행한다.

✽ 삼

일반명 : 대마, (마)

학 명 : *Cannabis sativa* L.

분 류 : 삼과

분 포 : (재배용)

높 이 : 1~2.5 m (한해살이풀)

개 화 : 7~8월 (연한 녹색)

열 매 : 8월

생약명 : 대마인, 대마초, (마리화나)

독성분 : Tetrahydrocannabinol(THC), cannabinol, cannabidiol 등의 cannabinoid가 2~5% 함유되어 있으며, 종자에는 지방유로 oleic acid, linoleic aic, linolenic acid 등이 함유되어 있다.
마약법에 의하여 재배 및 사용이 제한되고 있은 식물이다.

병 태 : Cannabinoid 중 tetrahydrocannabinol(THC)이 가장 강력한 정신의존성을 유발하며, 1개피의 마리화나에 THC는 5~8 mg이 함유되어 있다. 마리화나를 피우면 폐로 흡수되어 15초 이내에 THC가 뇌에 도달하며, THC 효과는 10~30분에 최고점에 달하고 1~4시간 정도 지속된다.

증 상 : 주로 신경계 증상이 나타나지만 다른 부작용도 함께 발현한다.

분 류	증상 / 징후
소화기계	구역질, 구토 등
신경정신계	어지러움, 전신쇠약감, 환각, 망상, 흥분, 사고장애 등
호흡기계	기종격동, 기흉, 기관지 확장 등
기타	눈충혈, 갈증, 근육경련, 빈맥 등

치 료 : 해독제는 없으며, 증상에 따라서 보존적인 치료를 한다. 단, 급성 정신증의 증상이 심한 경우에는 벤조다이아제핀을 투여한다.

❀ 명아주

줄기가 남자 목처럼 굵고 힘줄이 도드라졌다고 하여 '멱아지' 라 하다가 '명아주' 가 되었다.

일반명 : 는쟁이, 능쟁이, 붉은잎능쟁이, (연지채, 학정초)

학 명 : *Chenopodium album* var. *centrorubrum* Makino

분 류 : 명아주과

분 포 : 산지, 들

높 이 : 1~2 m (한해살이풀)

개 화 : 6~7월 (황록색)

열 매 : 7월 (검정색)

생약명 : 여, 여엽, (낙려, 려, 지연체, 회려)

기 타 : 연한 잎을 식용하는데, 끓는 물에 데쳐서 조리해야 한다. 많이 먹으면 피부병을 유발하는데, 중독증상에 따라서 보존적 치료를 시행한다.

✽ 쥐방울덩굴

겨울철 나뭇가지에 매달려 있는 열매가 쥐방울과 비슷하다고 하여 붙여진 이름이며, 또는 말의 방울과 같다고 하여 마두령이라고도 한다.

일반명 : 까치오줌요강, 마도령, 방울풀, 쥐방울, (마두령, 방울풀)

학 명 : *Aristolochia contorta* Bunge

분 류 : 쥐방울덩굴과

분 포 : 산, 들

높 이 : 길이 2 m, 덩굴성 여러해살이풀

개 화 : 7~8월 (녹자주색)

열 매 : 8월

생약명 : 마두령, 청목향, (심골풍)

독성분 : 독성분은 aristolochic acid, magnoflorine과 알칼로이드인 higenamine이다. 특히, aristolochic acid는 신독성(nephrotoxicity)이 있으므로 주의해야 한다.

병 태 : Aristolochic acid는 콩팥의 신섬유화를 유발하여 신손상을 일으키고, 뱀의 독성분인 phospholipase A2를 비활성화시키므로 사교상(독사 물림)의 치료제로 사용되기도 하였다.

증 상 : 신독성이 있어서 신부전등을 유발하기도 하며, 특히, 비뇨기계의 암을 유발하는 발암물질로 분류되기도 한다.

검 사 : 혈액검사(신기능검사), 소변검사(신기능검사)

치 료 : 해독제는 없으며, 증상에 따라서 보존적 치료를 병행한다.

증례

[대한한의학회지 2007:28(1):1-10]

(제목) 최근 독성 문제가 제기된 한약재에 대한 고찰

(내용) 한약재이지만 언론에서 독성이 보고되고 있는 일부 한약재에 대하여 주요 독성분과 중독증상 등에 대하여 기술하고 있다.

✽ 봉선화

줄기와 가지 사이에서 꽃이 피며, 꽃은 우뚝하게 일어서 봉(鳳)의 형상을 하므로 봉선화라는 이름이 생겼다.

일반명 : 봉숭아, (금봉화, 급성자, 지갑초, 소홍도)
학　명 : *Impatiens balsamina* L.
분　류 : 봉선화과
분　포 : 햇볕 드는 곳, 습지
높　이 : 30~60 cm (한해살이풀)
개　화 : 6~7월 (분홍색, 빨간색, 주홍색, 보라색, 흰색 등)
열　매 : 7~8월
생약명 : 급성자, 봉선
독성분 : 종자에 saponin, α-spinasterin, β-amyrin 등이 함유되어 있다.
치　료 : 해독제는 없으며, 증상에 따라서 보존적인 치료를 한다.
결　과 : 독성이 있으므로 씨를 30개 이상 먹으면 사망할 수도 있다고 옛부터 전해진다.

✽ 물봉선

꽃모양이 봉황새가 서 있는 모습과 비슷하고 습지에서 자라기 때문에 물봉선이라고 한다.

일반명 : 물봉숭, 물봉숭아
학　명 : *Impatiens textori* var. *textori*
분　류 : 봉선화과
분　포 : 습지, 물도랑
높　이 : 60 cm (한해살이풀)
개　화 : 8~9월
열　매 : 9월 (녹색)
생약명 : 봉선
독성분 : 독성분은 알칼로이드(alkaloid)와 2종의 플라본 글라이코사이드(flavone glycoside)이며, 플라본 글라이코사이드 2종은 cosmosiin과 luteolin 7-O-glucoside이다.
발　병 : 연한 잎은 식용이 가능하지만 끓는 물에 데친 후 2~3일간 흐르는 물에 우려내야만 유독성분이 빠진다.
기　타 : 소화기 증상이 주로 나타날 것으로 사료되고, 증상에 따라서 보존적 치료를 한다.

증례

[생약학회지 1995:26(1):8-12]
(제목) 물봉선의 성분에 관한 연구(II)
(내용) 물봉선은 2종의 flavone glycoside를 함유하고 있으며, 구체적으로는 apigenin 7-O-glucoside cosmosiin과 luteolin 7-O-glucoside이다.

◀노랑물봉선

흰물봉선▶

✽ 분꽃

옛날에는 씨의 안에 있는 흰가루를 이용하여 화장재료(분)를 만들었기에 붙여진 이름이다.

일반명 : 여자화, (분화, 자미리, 초미리, 자화분)
학 명 : *Mirabilis jalapa* L.
분 류 : 분꽃과
분 포 : 들, 가정
높 이 : 60~100 cm (한해살이풀, 외국에서는 여러해살이풀)
개 화 : 6~10월 (흰색, 노란색, 붉은색 등)
열 매 : 9~10월 (검정색)
생약명 : 자말리근, (자말리자)
독성분 : 잎과 뿌리에는 독성분이 있는 것으로 보고되고 있다.
기 타 : 소화기 증상이 주로 나타날 것으로 사료되고, 증상에 따라서 보존적 치료를 한다.

❀ 일일초

7월부터 10월가지 매일 꽃이 핀다고 하여 붙여진 이름이다.

일반명 : 매일초

학 명 : *Vinca rosea*

분 류 : 협죽도과

분 포 : (관상용)

높 이 : 30~50 cm (여러해살이풀)

개 화 : 7~9월 (흰색, 분홍색, 빨강색)

독성분 : 전초(全草)에 vincristine과 vinblastine 등의 알칼로이드가 다량 함유되어 있다.

기 타 : 소화기 증상이 주로 나타날 것으로 사료되고 간독성과 신독성의 가능성도 높고, 중독증상에 따라서 보존적 치료를 병행한다.

❀ 석산

석산은 중국에서 온 이름이며, 꽃이 무리지어 피었다는 뜻에서 꽃무릇이라는 다른 이름도 있다.

일반명 : 가을가재무릇, 꽃무릇, (붉은상사화, 산두초, 오독, 우괄화, 용가화)

학　명 : *Lycoris radiata* (L' Her.) Herb.

분　류 : 수선화과

분　포 : 산기슭, 풀밭

높　이 : 30~50 cm (여러해살이풀)

개　화 : 9~10월 (빨강색), 꽃대만 나오고 잎이 없다.

열　매 : -

생약명 : 석산

독성분 : 알칼로이드계로 알려져 있는데 주요 독성분은 리코린과 가란타민이다.

병　태 : 리코린(lycorine)은 구토, 설사, 탈수 등을 유발하고, 가란타민은 어침럼증, 구토, 설사 등을 유발한다. 동물에서의 리코린 치사량은 10 그럼 정도로 알려져 있다.

경　로 : 알뿌리와 줄기는 식용이 가능하지만 끓는 물에 데친 후 2~3일간 흐르는 물에 우려내야만 유독성분이 빠진다.

V / S : 호흡곤란

증　상 : 소화기증상과 신경증상이 주로 나타난다.

분 류	증상 / 징후
소화기계	구역질, 구토, 복통, 설사 등
신경계	어지럼증, 혀의 마비, 경련, 중추신경 마비 등

치　료 : 해독제는 없으며, 중독증상에 따라서 보존적 치료를 시행한다.

✽ 상사화

여름에 줄기가 시든 후에 꽃이 피기 때문에 줄기와 꽃이 서로 만날 수 없어서 그리워한다는 뜻에서 상사화라고 한다.

일반명 : 개가재무릇, (개꽃무릇, 개난초)
학　명 : *Lycoris squamigera* Maxim.
분　류 : 수선화과
분　포 : 풀밭
높　이 : 50~60 cm (여러해살이풀)
개　화 : 6~7월 (주황색), 꽃대만 있고 잎이 없다.
열　매 : -
생약명 : 상사화, 석산, 철색전
독성분 : 비늘줄기(인경)와 잎에는 독이 있다.
발　병 : 줄기와 뿌리는 식용이 가능하지만 독성이 강하므로 끓는 물에 데친 후 여러 날에 걸쳐서 흐르는 물에 우려낸 다음에 조리해야 한다.
기　타 : 소화기증상(구역질, 구토, 복통 등)과 신경증상(어지럼증, 혀의 마비 등)이 주로 나타난다. 해독제는 없으며, 중독증상에 따라서 보존적 치료를 시행한다.

✿ 백양꽃

전라남도 백양사에서 처음 발견되어 붙여진 이름이다

일반명 : 가재무릇, 가을가재무릇, (개상사화)

학　명 : *Lycoris sanguinea* var. *koreana* (Nakai)

분　류 : 수선화과

분　포 : 산지 (백양산)

높　이 : 30 cm

개　화 : 9월 (붉은 노랑), 꽃대만 있고 잎이 없다.

열　매 : -

생약명 : 철색전

기　타 : 알뿌리는 라이코린(lycorine)과 dihydrolycorine이라는 알칼로이드 독성분을 함유하고 있으며, 희귀 식물로서 법적 보호를 받고 있는 식물이다.

✽ 범부채

잎이 부채처럼 나고, 꽃은 호랑이 가죽무늬처럼 얼룩덜룩하게 되어 있어서 호랑이(범) 부채라는 명칭이 되었다고 한다. 또는, 새를 쏘는 사수의 죽간(화살)과 모양이 비슷하여 사간이라고도 한다.

일반명 : 사간, (금호접, 나비꽃, 범의부채, 사간붓꽃, 산포선, 편죽, 호선초, 호접화)

학 명 : *Belamcanda chinensis* (L.) DC.

분 류 : 붓꽃과

분 포 : 산, 바닷가

높 이 : 50~100 cm (여러해살이풀)

개 화 : 7~8월 (황적색)

열 매 : 7~8월 (검정색)

생약명 : 사간, (오선, 야간, 초장, 황원)

독성분 : 뿌리에는 배당체인, 벨람카틴(belamcandin), 아이리딘(iridin), 테크토리딘(tectoridin), 테크토리제닌(tectorigenin)이 함유되어 있으며, 잎과 꽃에는 만지페린(mangifrein) 등의 여러 성분이 함유되어 있다.

발 병 : 어린 싹은 식용이 가능하지만 끓는 물에 데친 후 2~3일간 흐르는 물에 우려내야만 유독성분이 빠진다.

기 타 : 소화기 증상이 주로 나타날 것으로 사료되고, 증상에 따라 보존적 치료를 한다.

✽ 매발톱

꽃송이의 뒤쪽이 매의 발톱을 닮았다고 하여 붙여진 이름이다.

일반명 : 매발톱꽃

학　명 : *Aquilegia buergeriana* var. *oxysepala* (Trautv. & Meyer) Kitam.

분　류 : 미나리아재비과

분　포 : 산지

높　이 : 30~130 cm (여러해살이풀)

개　화 : 5~7월 (자주색)

열　매 : 7~8월

생약명 : 누두채

기　타 : 소화기 증상이 주로 나타날 것으로 사료되고, 증상에 따라서 보존적 치료를 한다.

✽ **하늘매발톱** : 매발톱의 유사종이다.

◀하늘매발톱

하늘매발톱▶

✽ 시클라멘

일반명 : -

학　명 : *Cyclamen persicum*

분　류 : 앵초과

분　포 : (관상용)

높　이 : 15 cm

개　화 : 11~3월 (흰색, 붉은색 등)

열　매 : 6월

생약명 :-

독성분 : 뿌리줄기에는 cyclamigenin A~D가 함유되어 있으나 독성분에 대한 정확한 자료는 없는 실정이다.

기　타 : 소화기 증상(구토, 복통 등)이 주로 나타나고 해독제는 없으며, 증상에 따라서 보존적 치료를 시행한다.

✽ 월귤

일반명 : 땃들쭉, 큰잎월귤나무, 땅들쭉나무, 땅들쭉, 월귤나무
학　명 : *Vaccinium vitis-idaea* L.
분　류 : 진달래과
분　포 : 금강산 이북 고산지대, (관상용)
높　이 : 20~30 cm (상록 활엽 소관목)
개　화 : 5~6월 (붉은색)
열　매 : 8~9월 (붉은색)
생약명 : 월귤엽
기　타 : 잎에 arbutin, methylarbutin, pyroside, isoquercetin, hyperin 등이 함유되어 있다. 독성분에 대한 정확한 자료는 없으며, 열매는 가공하여 잼 등으로 식용한다.

✽ 개양귀비

양귀비와 비슷한 꽃이 피기 때문에 개양귀비라고 하며, 중국에서는 항우의 애첩인 우미인의 무덤에서 핀 꽃이라고 하여 우미인초라고 한다.

일반명 : 꽃양귀비, 애기아편꽃, (개양귀비, 우미인초)
학　명 : *Papaver rhoeas* L.
분　류 : 양귀비과
분　포 : (관상용)
높　이 : 30~80 cm (두해살이풀)
개　화 : 5~6월 (붉은색, 자주색, 흰색 등)
열　매 : 6~7월
생약명 : 여춘화, (우미인초)
독성분 : 미량이지만 알칼로이드가 함유되어 있다.
기　타 : 소화기 증상이 주로 나타날 것으로 사료되고, 증상에 따라서 보존적 치료를 한다.

대상화

일반명 : 가을모란, 추목단, 추명국
학　명 : *Anemone hupehensis* var. *japonica* Bowles & Stearn
분　류 : 미나리아재비과
분　포 : (관상용)
높　이 : 50~80 cm (여러해살이풀)
개　화 : 8~9월 (연한 홍자색)
열　매 : -
생약명 : -
기　타 : 소화기증상이 주요 중독증상일 것으로 사료되며, 보존적 치료를 시행한다.

✽ 피뿌리풀

뿌리의 색이 핏빛 같아서 피뿌리풀이라고 한다.

일반명 : 서홍닥나무, 처녀풀, 피뿌리꽃

학　명 : *Stellera chamaejasme* L.

분　류 : 팥꽃나무과

분　포 : 들판의 풀밭 (한라산, 황해도 이북)

높　이 : 30~40 cm (여러해살이풀)

개　화 : 5~7월 (붉은색)

열　매 : 7~8월

기　타 : 뿌리에 독성이 있으며, 멸종위기식물로 분류되고 있다.

✽ 미모사

명칭은 라틴어인 Mimosa에서 유래되었다. 잎을 건드리면 잎이 접히거나 변형되었다가 오랜 시간이 경과하면 다시 정상으로 회복되므로 신경초라고도 한다.

일반명 : 감응초, 신경초, 잠풀, 함수초

학　명 : *Mimosa pudica* L.

분　류 : 콩과

분　포 : (관상초)

높　이 : 30 cm (한해살이풀)

개　화 : 7~8월 (붉은색, 분홍색)

열　매 : 9월

생약명 : 함수초

기　타 : 소화기 증상(구역질, 구토, 복통 등)과 무력감 등이 주로 나타나고 해독제는 없으며, 증상에 따라서 보존적인 치료를 한다.

✿ 금낭화

꽃이 덩굴에 매달린 듯 피었으며 주머니 모양을 하고 있어, 금낭화(錦囊化)라고 이름이 붙여진 것 같다. 즉, 금낭화는 비단주머니라는 뜻이다.

일반명 : 등모란, 며느리주머니, (덩굴모란, 며느리취, 며눌취)
학 명 : *Dicentra spectabilis* (L.) Lem.
분 류 : 현호색과
분 포 : 산지 (경기도 가평, 설악산, 천마산 등의 중부지방)
높 이 : 30~60 cm (여러해살이풀)
개 화 : 4~6월 (빨강색, 흰색)
열 매 : 6월 (검정색)
생약명 : 금낭근, 하포모단근
발 병 : 어린 잎은 식용이 가능하지만 끓는 물에 데친 후 흐르는 물에 충분히 우려내야만 유독성분이 빠진다.
기 타 : 소화기 증상이 주로 나타날 것으로 사료되고, 증상에 따라 보존적 치료를 한다.

✿ **흰금낭화** : 유사종으로 독성이 금방화와 동일하다.

흰금낭화▶

✽ 자리공

일반명 : 상륙, 장녹, (양자공, 자리갱이, 다미, 장류)

학 명 : *Phytolacca esculenta* VanHoutte

분 류 : 자리공과

분 포 : 밭, 길가

높 이 : 1~1.5 m (여러해살이풀)

개 화 : 5~7월 (붉은색이 도는 흰색)

열 매 : 7~8월 (검은 자주색)

생약명 : 상륙, 상륙근, (당육, 백창, 야호, 창육)

감 별 : 자리공은 줄기가 녹색이며 꽃차례가 위쪽을 향하지만, 미국자리공은 줄기가 붉은색이며 꽃차례가 지면을 향하여 늘어진다.

독성분 : 뿌리에는 saponin계 물질인 phytolacca saponin B, C_2, D, E, F와 청산이온인 KNO_3이 다량 함유되어 있는데, 독성분은 수용성이고 가열을 하면 독성이 감소한다.

병 태 : 자리공 내에 함유된 수용성 사포닌 단백질인 글리코시드(glycoside)가 phytolaccotoxin으로 작용하여 위장간 점막을 자극하고, 결과적으로 구토, 설사, 복통, 토혈 등을 유발한다.

발 병 : 칡뿌리, 더덕, 우엉 등으로 오인되어 섭취하거나, 허리통증을 해소하기 위하여 잎을 쌈으로 섭취하다가 중독된다. 극히 일부 지방에서는 어린 순을 조리하여 식용하지만 독성이 강하므로 먹지 않는 것이 바람직하다.

발 현 : 섭취하고 2~3시간 후부터 소화기 증상(구역질, 구토)이 발현하기 시작한다.

V / S : 빈맥, 호흡곤란

증 상 : 소화기증상, 콜린자극증상, 요실금, 타액증가(salivation), 신부전증 등이 발현한다. 신경학적 검사에서는 심주전반사 과항진(DTR 증가)과 족저검사(Barbinski sign) 양성 등이 나타날 수 있다.

분 류	증상 / 징후
소화기계	구역질, 구토, 복통, 설사(간혹 혈변성 설사)
신경계	어지럼증, 경련, 강직, 진전, 의식장애, 혼수, 사망
비뇨생식계	요실금, 신부전증
기타 발한,	전신 쇠약, 불안, 실신, 타액증가 등

검 사 : 혈액검사(AST/ALT 약간 상승), 심전도(간혹 AV block type I)

치 료 : 해독제는 없으며, 증상에 따라서 보존적 치료를 하는데 경련이나 심한 과행동성이 관찰되는 경우는 로라제팜을 투여한다.

결 과 : 보존적 치료로 대부분 호전되지만, 소아에서는 사망사례도 보고되고 있다.

증례

[대한임상독성학회지 2004:2(1):27~30]

(제목) 오인으로 인해 집단으로 발생한 자리공 중독

(내용) 어린이 10명이 자리공 뿌리를 칡뿌리로 오인하여 섭취한 후에 심한 소화기 증상으로 내원하여 보존적 치료를 받고 모두 회복되어 다음날 퇴원하였다.

(연합뉴스 2005.11.23)

산악회원 5명이 자리공을 우엉뿌리로 오인하여 섭취한 후부터 소화기증상(구토, 복통, 어지러움 등)이 발현하여 입원하였다.

❀ 미국자리공

일반명 : -
학 명 : *Phytolacca americana* L.
분 류 : 자리공과
분 포 : 밭, 길가
높 이 : 1~1.5 m (여러해살이풀)
개 화 : 5~7월 (붉은색이 도는 흰색)
열 매 : 7~8월 (검은 자주색)
생약명 : 상륙, 상륙근, (당육, 백창, 야호, 창육)
감 별 : 자리공은 줄기가 녹색이며 꽃차례가 위쪽을 향하지만, 미국자리공은 줄기가 붉은 색이며 꽃차례가 지면을향하여 늘어진다.
기 타 : 독성분, 중독증상, 치료법 등은 자리공과 동일하다(page 208 참조).

증례

[대한임상독성학회지 2008:6(2):146-148]

(제목) 미국자리공 중독으로 의식변화와 복통 증상을 호소한 2예

(내용) 67세 여자가 허리통증을 해소하기 위해서 자리공 뿌리를 갈아서 우유에 타서 마신 후 2시간 뒤 구토, 설사, 복통이 발현하였고, 보존적 치료 수시간 후 회복되었다. 다른 환자(60세/여자)는 허리통증 해소를 위해서 자리공 잎을 쌈으로 먹은 후 환시, 환청, 의식변화가 발생하였고, 심부건반사 과항진과 양측 족저반사 양성이 관찰되었고, 다음날 자연 회복되었다.

(알기쉬운 독초, 독버섯 p53)

2007년 10월 26일 수원에서 고구마를 캐러 갔던 밭에서 자리공 뿌리를 더덕으로 알고 먹었다가 복통과 설사를 일으킨 사고가 있었다.

2005년 11월 23일 전북 장수군 계남면 장안리 장안산에서 산악회원 5명이 우엉뿌리로 잘못 알고 미국자리공을 캐 먹었다가, 복통과 어지럼증, 구토, 설사 등의 중독 증세를 보여 병원으로 후송하여 응급처치를 받았다.

✽ 담배

담배를 의미하는 포르투칼어 'tabacco' 가 일본에 들어가면서 '타바코(タバコ)' 로 발음되었고, 다시 우리나라로 건너와서 한자로 '淡婆姑(담바고)' 로 되었다가, 지금의 '담배' 로 바뀌었다는 설이 가장 유력하다.

일반명 : 연초

학　명 : *Nicotiana tabacum* L.

분　류 : 가지과

분　포 : (재배용)

높　이 : 1.5~2 m (한해살이풀)

개　화 : 7~8월 (연한 붉은색)

열　매 : 8~9월 (갈색)

생약명 : 연초, 연초엽

독성분 : 주요 독성분은 nicotine, nornicotine, anabasine 등의 알칼로이드이다.

병　태 : 니코틴은 중추신경계와 말초자율신경계의 아세틸콜린 접합부(acetylcholine receptor)를 차단하여 중독증상을 유발한다.

발　병 : 소아들은 무의식적으로 방바닥의 담배를 주워 먹기도 하며. 담배채취 종사자들은 피부로 중독되는 경우가 있다.

※피부가 물에 젖거나 연초가 젖은 경우에는 독성분이 피부를 통하여 잘 흡수된다. 담배채취 종사자들이 피부를 통하여 중독되는 경우를 의학적으로는 "green tobacco sickness" 라고 명명한다.

발　현 : 섭취된 양에 따라서 발현시간이 다르다.

V / S : 고혈압, 빈맥, 호흡곤란

증　상 : 소아들은 담배 1~2개비를 경구로 섭취하여도 중독증상이 발생할 수 있으며, 중독증상은 nicotinic effect에 의한 증상들이다.

분 류	증상 / 징후
소화기계	구역질, 구토, 타액과다, 설사
신경계	초조(agitation), fasciculation, 경련, 의식장애
기 타	눈물과다, 발한, 고체온증, 근쇠약

검　사 : 심전도, 중심체온 측정

치　료 : 경구로 섭취한 경우에는 초기에 독성제거술(위세척, 활성탄)을 적극적으로 시행하면서 증상에 따라서 보존적인 치료를 한다.

증상 / 징후	치료방법
경련, 초조	벤조다이아제핀 투여
타액 과다/눈물 과다	아트로핀 투여

✿ 파리풀

뿌리의 즙을 밥이나 종이에 뿌려서 파리를 죽이는 데 사용하였기 때문에 파리풀이라는 명칭이 생겼다.

일반명 : 꼬리창풀, (승독초)
학　명 : *Phryma leptostachya* var. *asiatica* H.Hara
분　류 : 파리풀과
분　포 : 그늘진 곳(주로, 나무 밑)
높　이 : 70 cm (여러해살이풀)
개　화 : 7~8월 (분홍색)
열　매 : 9월
생약명 : 노파자침선
기　타 : 소화기 증상이 주로 나타날 것으로 사료되고, 증상에 따라 보존적 치료를 한다.

✿ 마편초

일반명 : 말초리풀, (철마편. 용아초. 투골초. 토자초)

학 명 : *Verbena officinalis* L.

분 류 : 마편초과

분 포 : 울릉도, 제주도, 남해안 지방

높 이 : 30~60 cm (여러해살이풀)

개 화 : 7~8월 (연한 보라색)

열 매 : 9~10월

생약명 : 마편초

기 타 : 인체독성에 대한 국내자료는 없으며, 마편초과에 속하는 식물들이 iridoid, diterpene, naphthoauinone 등을 함유하고 있으므로 주의를 요한다.

✽ 쥐오줌풀

뿌리에서 오줌과 같은 지린 냄새가 난다고 하여 붙여진 이름이다.

일반명 : 길초, 긴잎쥐오줌, 줄댕가리, 은댕가리, 바구니나물

학 명 : *Valeriana fauriei* Briq.

분 류 : 마타리과

분 포 : 습한 산지

높 이 : 40~80 cm (여러해살이풀)

개 화 : 5~8월 (붉은색)

열 매 : 8월

생약명 : 지주향, (길초근, 힐초근)

발 병 : 어린 순(줄기와 잎)을 식용하기도 하지만, 약한 독성이 있으므로 끓는 물에 데친 후 찬물에 우려낸 다음에 조리해야 한다.

기 타 : 소화기 증상이 주로 나타날 것으로 사료되고, 증상에 따라서 보존적 치료를 한다.

✽ 속단

속단을 약으로 먹으면 끊어진 뼈를 잇는다는 의미에서 붙여진 이름이다.

일반명 : (남초, 용두, 접골)

학　명 : *Phlomis umbrosa* Turcz.

분　류 : 꿀풀과

분　포 : 풀밭

높　이 : 1 m (여러해살이풀)

개　화 : 7월 (분홍색)

열　매 : 8~9월

생약명 : 야소자, 토속단

독성분 : 뿌리에 phlinoside A~C와 iridoid glycoside가 많으나 인체독성에 대한 자료는 부족하다.

발　병 : 어린 잎은 식용이 가능하지만 데친 후에 물에 우려내어 조리해야 한다.

기　타 : 소화기 증상이 주로 나타날 것으로 사료되고, 증상에 따라서 보존적 치료를 한다.

✽ 박하

박하는 예로부터 위장병의 증상에 대한 응급처방으로 주로 이용되었는데, 이는 중국이름으로써, '박' 은 '빠르게 달리다' 라는 뜻이고, '하' 는 '짐을 지고 달리다' 라는 의미이다.

일반명 : 털박하, 재배종박하, (야식향, 번하채, 익단초, 구박하)

학　명 : *Mentha piperascens* Holmes

분　류 : 꿀풀과

분　포 : 50 cm (여러해살이풀)

개　화 : 7~9월 (분홍색)

열　매 : 9월

생약명 : 박하

독성분 : 주성분은 menthol, menthone, mentholester이다.

발　병 : 연한 잎은 식용이 가능하지만 약한 독성이 있으므로 조리에 유의해야 한다.

기　타 : 심혈관계 이상과 홍분 등의 증상이 나타나며 증상에 따라서 보존적 치료를 한다.

✽ 애기땅빈대

땅바닥에 붙어서 자라며 잎이 빈대의 등과 유사하여 붙여진 이름이다.

일반명 : 좀땅빈대, 애기점박이풀, (비단풀, 점백이풀)

학 명 : *Euphorbia supina* Raf.

분 류 : 대극과

분 포 : 밭이나 들

높 이 : 10~25 cm (한해살이풀)

개 화 : 6~8월 (붉은색)

열 매 : 8~9월

생약명 : 지금초

독성분 : 타닌과 saponin을 함유하고 있다.

기 타 : 중독에 대한 증례는 없으며, 증상에 따라 보존적 치료를 시행한다.

✽ 복주머니란

꽃의 모양이 개의 음낭과 비슷하여 개불알꽃이라고도 한다.

일반명 : 개불알꽃, 복주머니, 복주머니꽃, 요강꽃, 작란화, 포대작란화

학　명 : *Cypripedium macranthum* Sw.

분　류 : 난초과

분　포 : 산지의 풀밭이나 숲 속

높　이 : 20~-40 cm (여러해살이풀)

개　화 : 5~-7월 (연한 홍자색)

열　매 : 7~8월

생약명 : 오공칠

기　타 : 소화기 증상이 주로 나타날 것으로 사료되고, 증상에 따라서 보존적 치료를 한다.

❀ 나팔꽃

꽃의 모양이 나팔의 앞부분과 유사하여 나팔꽃이라고 명명되었다.

일반명 : 털잎나팔꽃, (견우화, 백축, 이축, 조안화, 조일화, 흑축)

학 명 : *Pharbitis nil* (L.) Choisy

분 류 : 메꽃과

분 포 : (관상용)

높 이 : 3 m (한해살이 덩굴식물)

개 화 : 5~7월 (자주색, 흰색, 붉은 색 등)

열 매 : 8월 (검정갈색)

생약명 : 견우자, (백축, 흑축)

독성분 : 나팔꽃의 종자는 pharbitin(수지배당체류), nilic acid, gallic acid를 함유한다. 이 외에도 알칼로이드(alkaloid)인 lysergol, chanoclavine, penniclavine, isopenniclavine, elymoclavine을 함유하고 있다.

증 상 : 주로 소화기 증상(복통, 설사 등)이 나타나고 혈뇨가 동반되기도 한다.

검 사 : 소변검사, 신기능검사

치 료 : 해독제는 없으며, 증상에 따라서 보존적 치료를 시행한다.

갯메꽃

메꽃과 유사종이지만 바닷가에서 자라므로 갯메꽃이라 명명한다.

일반명 : 개메꽃, 해안메꽃, (산엽타완화)

학 명 : *Calystegia soldanella* (L.) Roem. & Schultb.

분 류 : 메꽃과

분 포 : 바닷가의 모래밭

높 이 : 길이 2~3 cm 덩굴식물 (여러해살이풀, 뿌리줄기)

개 화 : 5~6월 (연분홍빛)

열 매 : 6~7월

생약명 : 전초경, 전초근

기 타 : 어린 순은 식용하지만 약간의 독성이 있으므로, 많이 먹으면 소화기 증상(배탈, 설사 등)의 부작용이 발현할 수 있다.

✽ 능소화

능소화의 한자말은 능가할 능(凌), 하늘 소(霄)로, '하늘을 능가하는 꽃' 이라는 뜻이다. 일명 어사화라고 하여, 문과에 장원급제한 사람이 귀향할 때 머리의 관에 꽂던 꽃이다.

일반명 : 금등화, 능소화나무, 릉소화, (양반꽃, 어사화)

학 명 : *Campsis grandifolia* (Thunb.) K. Schum.

분 류 : 능소화과

분 포 : (관상용)

높 이 : 길이 10 m, 낙엽성 덩굴

개 화 : 6~8월 (오렌지색, 적황색)

열 매 : 9~10월

생약명 : 능소화

독성분 : Cachineside I~IV, campenoside I, II 등이 함유되어 있다.

증 상 : 꽃가루의 미세구조가 갈고리 모양이라서 피부나 점막에 닿으면 잘 떨어지지 않고 염증을 유발하며, 눈에 들어가는 경우에는 안구염, 백내장 등이 발생할 수 있다.

치 료 : 꽃가루가 피부에 닿은 경우에는 즉시 세척해야 한다.

✽ 등

등(藤)은 위로 감고 올라가는 모양을 본떠서 만든 중국의 상형문자이므로 덩굴성 식물이라는 뜻에서 유래된 이름이다.

일반명 : 등나무, 왕등나무, 연한붉은참등덩굴, 조선등나무, 참등, 참등나무
학　명 : *Wisteria floribunda* (Willd.) DC. for. *floribunda*
분　류 : 콩과
분　포 : 산지, (재배용)
높　이 : 길이 10 m 덩굴식물
개　화 : 4~5월 (연자주색)
열　매 : 8~9월
생약명 : 등
발　병 : 어린 순은 식용이 가능하지만, 다른 부위는 먹지 않도록 주의해야 한다.
기　타 : 소화기 증상이 주로 나타날 것으로 사료되고, 증상에 따라서 보존적 치료를 한다.

✽ 컴프리

식물의 영문명(Comfrey, comphrey)을 그대로 발음한 것이다.

일반명 : 콤푸레, (캄프리)

학　명 : *Symphytum officinale* L.

분　류 : 지치과

분　포 : (재배용)

높　이 : 60~-90 cm (여러해살이풀)

개　화 : 6~7월 (자주색, 분홍색, 백색)

열　매 : 7월

생약명 : 감부리, 컴프리

독성분 : 간기능을 악화시키는 PAs(pyrrolizidine alkaloids)가 주요 독성분이고, 이외에도 뿌리에는 symlandin, symphytine, viridiflorine 등이 함유되어 있다.

병　태 : PAs(pyrrolizidine alkaloids)는 작은 정맥들을 폐쇄시키고, 결국은 간부전증을 유발하며, 심한 경우에는 사망하기도 한다. 또한, 일부 동물실험에서는 발암물질로 보고되기도 한다.

기　타 : 간손상을 포함한 소화기 증상이 주로 나타나며, 보존적 치료를 한다.

증례

[Br Med J (Clin Res Ed) 1987;295(6591):183]

(제목) Veno-occlusive disease of the liver secondary to ingestion of comfrey

(내용) 3년 전부터 Crohn' s disease를 앓던 13세 남아가 보완요법으로 컴프리 뿌리와 잎으로 만든 차를 복용하던 중 복수와 간비대가 발현한 증례이다. 검사소견상, serum bilirubin 26 mmol/l (normal 〈17), aspartate aminotransferase activity 87 1U/l (normal 6~35)였다. 간조직검사에서는 thrombotic variant of hepatic veno-occlusive disease가 진단되었다.

[대한소화기학회지 2004:44:113-125]

(제목) 식물제제에 의한 간손상

(내용) 건강식품 혹은 민간요법에 이용되는 식물 중에는 간독성을 유발하는 식물이 많으며, 이중 컴프리, 솜방망이, 활나물의 PA(pyrrolizidine alkaloid)가 간손상을 유발한다.

✽ 정향풀

꽃이 피었을 때 옆에서 보면 '丁' 자 비슷하게 보여서 붙여진 이름이다.

일반명 : 수감초

학　명 : *Amsonia elliptica* (Thunb.) Roem. & Schult.

분　류 : 협죽도과

분　포 : 바닷가 풀밭 (완도, 대청도)

높　이 : 40~80 cm

개　화 : 5월 (하늘색)

열　매 : (흑살색)

생약명 : 정향풀

기　타 : 독성분은 알칼로이드인데 혈관을 이완시키는 작용이 강한 것으로 알려지고 있으며, 해독제는 없고 중독증상에 따라서 보존적 치료를 시행한다.

✿ 숫잔대

습지에서 자라는 잔대라서 붙여진 이름이다.

일반명 : 습잔대, 잔대아재비, 진들도라지

학 명 : *Lobelia sessilifolia* Lamb.

분 류 : 초롱꽃과

분 포 : 양지 바르고 습한 곳

높 이 : 50~100 cm (여러해살이풀)

개 화 : 8~9월 (자주색, 연자색)

열 매 : 9~10월

생약명 : 고채, 산경채, 수견채

기 타 : 소화기 증상이 주로 나타날 것으로 사료되고, 증상에 따라서 보존적 치료를 한다.

✽ 큰제비고깔

꽃봉오리가 제비를 닮았고, 꽃봉오리가 펼쳐지면 고깔모양을 하여 붙여진 이름이다.

일반명 : 산제비고깔

학　명 : *Delphinium maackianum* Regel

분　류 : 미나리아재비과

분　포 : 산기슭

높　이 : 1 m (여러해살이풀)

개　화 : 7~9월 (자주색)

열　매 : 9월

기　타 : 소화기 증상이 주로 나타날 것으로 사료되고, 증상에 따라서 보존적 치료를 한다.

✽ 하늘매발톱

꽃송이의 뒤쪽이 매의 발톱을 닮았다고 하여 붙여진 이름이다.

일반명 : 골매발톱꽃, 산매발톱꽃, 시베리아매발탑꽃, 하늘매발톱꽃

학　명 : *Aquilegia japonica* Nakai & H.Hara

분　류 : 미나리아재비과

분　포 : 산지

높　이 : 15~30 cm (여러해살이풀)

개　화 : 6~8월 (하늘색)

열　매 : 7~8월

생약명 : 누두채

기　타 : 소화기 증상이 주로 나타날 것으로 사료되고, 증상에 따라서 보존적 치료를 한다.

❀ 도라지

일반명 : 길경, 약도라지, (도랏, 길경채, 백약, 질경, 산도라지, 화상두)

학 명 : *Platycodon grandiflorum* (Jacq.) A. DC.

분 류 : 초롱꽃과

분 포 : (재배용)

높 이 : 40~100cm (다년초)

개 화 : 7~8월 (하늘색, 흰색)

열 매 : 8월

생약명 : 길경

독성분 : 뿌리에는 platycodin A~H, platycogenic acid A~C, palticonin, polygalacic acid 등의 saponin이 함유되어 있다.

발 병 : 어린 잎을 식용하는 경우에는 끓는 물에 살짝 데친 후에 조리해야 한다.

기 타 : 소화기 증상이 주로 나타나고 증상에 따라서 보존적인 치료를 시행한다.

✽ 활나물

일반명 : (농길초)

학　명 : *Crotalaria sessiliflora* L.

분　류 : 콩과

분　포 : 산과 들의 양지쪽 풀밭

높　이 : 20~70 cm (한해살이풀)

개　화 : 7~9월 (하늘색, 청자색)

열　매 : 9~10월 (갈색)

생약명 : 야백합, (구령초, 야지마, 이두)

독성분 : 모노크로탈린(monocrotaline)을 포함하여 7종의 알칼로이드 성분이 함유되어 있는 것으로 보고되고 있으며, 최근에는 PA(pyrrolizidine alkaloid)에 의하여 혈관손상(veno-occlusive disease)이 동반되면서 간손상이 유발된다고 보고되고 있다.

기　타 : 소화기증상이 주로 나타날 것으로 사료되고, 증상에 따라서 보존적 치료를 한다.

증례

[대한소화기학회지 2004:44:113-125]

(제목) 식물제제에 의한 간손상

(내용) 건강식품 혹은 민간요법에 이용되는 식물 중에는 간독성을 유발하는 식물이 많으며, 이중 컴프리, 솜방망이, 활나물의 PA(pyrrolizidine alkaloid)가 간손상을 유발한다.

✽ 황금

일반명 : 속썩은풀, 골무꽃, (향수수초, 토금채, 황금초)

학　명 : *Scutellaria baicalensis* Georgi

분　류 : 꿀풀과

분　포 : 산지의 풀밭

높　이 : 20~60 cm (여러해살이풀)

개　화 : 7~8월 (보라색)

열　매 : 10월

생약명 : 황금

독성분 : 뿌리의 furano diterpenoid가 주요 독성분이며, 이외에도 baicalein과 scutellarein을 함유하고 있다.

병　태 : Furano diterpenoid 성분은 체내에서 CYP3A4에 의하여 분해되면서 furano-epoxide를 형성하며, 이것은 간세포내의 glutathione을 고갈시키고, 세포골격을 형성하는 proteinthiol과 결합하여 세포막에 bleb을 형성하며, 칼슘 translocase를 저해하여 세포내 칼슘농도를 증가시킨다. 또한, baicalein과 scutellarein도 간손상을 유발한다.

기　타 : 간손상을 포함하여 소화기 증상이 나타나며, 증상에 따라 보존적 치료를 한다.

증례

[대한소화기학회지 2004:44:113-125]

(제목) 식물제제에 의한 간손상

(내용) 건강식품 혹은 민간요법에 이용되는 식물 중에는 간독성을 유발하는 식물이 많으며, 대표적인 것으로는, 체중감량제인 게르만더 (germander), 황금, 백선, 마황 등이다.

[대한한의학회지 2007:28(1):1-10]

(제목) 최근 독성 문제가 제기된 한약재에 대한 고찰

(내용) 한약재이지만 언론에서 독성이 보고되고 있는 일부 한약제에 대하여 주요 독성분과 중독증상 등에 대하여 기술하고 있다.

[대한의사협회지 2005:48(4):302-408]

(제목) 생약제 부작용: 생약재에 의한 간손상

(내용) 황금의 독성분은 skullcap diterpenoid, neoclerodance diterpenoid, pyrrolizidine alkaloid(PA)이며, deterpenoid 성분들은 CYP3A4에 의하여 독성 대사물로 전화되어 간독성을 유발하고, pyrrolizidine alkaloid (PA)는 혈관 내피세포에 작용하여 veno-occlusive disease나 전격성 간부전 혹은 간경변을 유발한다.

✽ 용담

용의 쓸개처럼 매우 쓰다는 의미에서 유래된 말이다.

일반명 : 과남풀, 룡담 , 선용담, 섬용담, 초룡담, 초용담

학 명 : *Gentiana scabra* Bunge for. *scabra*

분 류 : 용담과

분 포 : 전국 산야

높 이 : 20~60 cm (여러해살이풀)

개 화 : 8~10월 (청색, 보라색)

열 매 : 10~11월

생약명 : 용담

독성분 : 뿌리에는 gentiopicroside, swertianmarin, gentisin 등이 함유되어 있다.

기 타 : 소화기 증상이 주로 나타날 것으로 사료되고, 일부 환자에서는 간손상이 발생하기도 한다. 증상에 따라서 보존적 치료를 한다.

증례

[대한한의학회지 2007:28(1):1-10]

(제목) 최근 독성 문제가 제기된 한약재에 대한 고찰

(내용) 한약재이지만 언론에서 독성이 보고되고 있는 일부 한약재에 대하여 주요 독성분과 중독증상 등에 대하여 기술하고 있다. 하수오와 용담의 경우에는 여러 한약재와 복합적으로 처방한 환자에서 간손상이 발생하였다.

✽ 붓꽃

꽃이 피기 전의 꽃망오리가 붓의 끝자락과 유사하여 붙여진 이름이다.

일반명 : 계손, 수창포, 창포붓꽃

학　명 : *Iris nertschinskia Lodd.*

분　류 : 붓꽃과

분　포 : 산기슭 건조한 곳

높　이 : 60~90 cm (여러해살이풀)

개　화 : 5~6월 (보라색, 자주색)

열　매 : 7~8월 (갈색)

생약명 : 마린자

기　타 : 소화기 증상이 주로 나타날 것으로 사료되고, 증상에 따라서 보존적 치료를 한다.

✽ 시계꽃

꽃의 모양이 시계판과 비슷하여 붙여진 이름이다.

일반명 : 시계초, (꽃시계덩굴)

학　명 : *Passiflora caerulea* L.

분　류 : 시계꽃과

분　포 : (관상용)

높　이 : 길이 4 m, 다년생 덩굴식물

개　화 : 7월 (주황색, 파랑색)

열　매 : 8월 (노란색)

생약명 : -

기　타 : 소화기 증상이 주로 나타날 것으로 사료되고, 증상에 따라서 보존적 치료를 한다.

박주가리

열매가 익으면 열매껍질이 반으로 쪼개지는데, 박이 쪼개지는 것과 같다고 하여 박조가리 혹은 박주가리라는 명칭이 생겼다.

일반명 : (구전등, 나마, 나마등, 노아등, 라마, 박조가리, 새박덩굴, 비래학, 학광표)

학 명 : *Metaplexis japonica* (Thunb.) Makino

분 류 : 박주가리과

분 포 : 들

높 이 : 길이 3 m 여러해살이 덩굴식물

개 화 : 7~8월 (연보라색)

열 매 : 8월

생약명 : 나마자, 라마자, 천장각

독성분 : Gagamol, gagamol-7-methylether, pergularin, sarcostin 등이 함유되어 있으나 인체독성에 대한 국내 자료는 없는 실정이다.

발 병 : 식용식물인 하수오로 오인하여 박주가리를 섭취하다가 중독되기도 한다(하수오는 잎을 자르더라도 흰 젖 같은 유액이 나오지 않는다). 연한 순과 땅속 줄기는 식용이 가능하지만 유독성분이 있으므로, 끓는 물에 데친 후 2~3일간 흐르는 물에 충분히 우려낸 후 조리해야 한다.

기 타 : 소화기 증상이 주로 나타날 것으로 사료되고, 증상에 따라서 보존적 치료를 한다.

✽ 삼지닥나무

줄기가 갈라질 때에 3가지씩 갈라져서 삼지닥나무라고 한다.

일반명 : 삼아나무, 황서향나무, 매듭삼지나무
학　명 : *Edgeworthia chrysantha* Lindl.
분　류 : 팥꽃나무과
분　포 : (관상용)
높　이 : 1~2 m (낙엽활엽 관목)
개　화 : 3월 (노란색), 꽃이 먼저 피고 잎이 나온다.
열　매 : 7~8월
생약명 : 구피마, 몽화
기　타 : 소화기 증상이 주로 나타날 것으로 사료되고, 증상에 따라서 보존적 치료를 한다.

✽ 팥꽃나무

꽃색이 팥과 비슷하다고 해서 팥꽃나무라고 이름이 붙여졌으며, 서해안에서는 이 꽃이 필 때 조기(생선)가 회유하는 때라 조기잡이 철을 알려 준다하여 조기꽃나무라고도 한다.

일반명 : 넓은이팝나무, 니팝나무, 이팝나무, 넓은잎이팝나무, 넓은잎팥꽃나무, 팟꽃나무, (조기꽃나무, 이팥나무)
학 명 : *Daphne genkwa*
분 류 : 팥꽃나무과
분 포 : 바닷가 근처
높 이 : 1 m 낙엽관목
개 화 : 3~5월 (자주색), 꽃이 먼저 피고 잎이 난다.
열 매 : 6~7월 (붉은색)
생약명 : 완화(芫花)
독성분 : 꽃에는 genkwanin과 apigenin 등이 함유되어 있다.
기 타 : 소화기 증상이 주로 나타날 것으로 사료되고, 증상에 따라서 보존적 치료를 한다.

✽ 서향

좋은 향기가 천리 혹은 만리까지 퍼진다는 의미에서 붙여진 이름이다.

일반명 : 서향나무, (만리향, 천리향)

학　명 : *Daphne odora* Thunb

분　류 : 팥꽃나무과

분　포 : (관상용)

높　이 : 1~2 m 상록활엽 관목

개　화 : 3~4월 (홍자색)

열　매 : 5~6월 (빨강색)

생약명 : 서향

기　타 : 소화기 증상이 주로 나타날 것으로 사료되고, 증상에 따라서 보존적 치료를 한다.

✽ 붓순나무

새싹(순)이 나오는 모양이 붓과 비슷하여 붙여진 이름이다.

일반명 : 가시목, 말갈구, 발갓구, 붓순

학　명 : *Illicium anisatum* L.

분　류 : 붓순나무과

분　포 : 남부지방 숲속

높　이 : 3~5 m 상록활엽 소교목

개　화 : 3~4월 (흰색, 녹백색)

열　매 : 6~10월 (갈색, 황갈색)

생약명 : 동독회, 분초실

독성분 : 경련을 유발하는 anisatin, co-anisatin, pseudoanisatin 등이 함유되어 있다.

발　병 : 붓순나무 열매를 식용식물인 팔각(*Illicium verum*)으로 오인하여 섭취하다가 중독된 사례가 있다.

기　타 : 경련 등의 신경계 증상이 주로 나타날 것으로 사료되고, 증상에 따라서 보존적 치료를 시행한다.

❁ 겨우살이

다른 나무의 가지에 뿌리를 내리고 영양분을 흡수하는 기생식물이므로, 겨우 살아간다는 뜻에서 유래된 이름이다.

일반명 : 겨우사리, 붉은열매겨우사리

학 명 : *Viscum album* var. *coloratum* (Kom.) Ohwi

분 류 : 겨우살이과

분 포 : 전국

높 이 : 40~100 cm 기생성 상록활엽 소관목

개 화 : 3~4월 (노란색)

열 매 : 10월 (연한 노란색)

생약명 : 상기생, 상곡기생

기 타 : 줄기와 잎에는 flavonoid 화합물인 vitexin, oleanolic acid, -amyrin, ursolic acid, mesoinositol, visotoxin, viscol 등과 lectin이 함유되어 있는데, 인체독성에 대한 전문자료는 현재까지 없는 실정이다.

✽ 개비자나무

일반명 : 누은개비자나무, 좀개비자나무, 눈꺼비자나무, (좀비자나무, 조선조비)
학　명 : *Cephalotaxus koreana* Nakai
분　류 : 개비자나무과
분　포 : 산골짜기
높　이 : 3-6 m 상록침엽 관목
개　화 : 4월 (녹색)
열　매 : 8-9월 (붉은색)
생약명 : 조비, 토향비
독성분 : 잎과 줄기에는 cephalotoxine, harringtonine, homoharringtonine 등의 알칼로이드가 함유되어 있다.
기　타 : 소화기 증상이 주로 나타날 것으로 사료되고, 증상에 따라서 보존적 치료를 한다.

✽ 주목

주목은 붉을 주(朱) 나무 (木)자를 써서 붉은 색 나무란 뜻이다.

일반명 : 경복, 노가리나무, 적목, 화솔나무

학　명 : *Taxus cuspidata* Siebold & Zucc.

분　류 : 주목과

분　포 : 고산지대

높　이 : 최대 20 m의 상록침엽 교목

개　화 : 4월 (녹색, 갈색)

열　매 : 8~9월 (붉은색)

생약명 : 일위엽, 주목, (주목엽)

독성분 : 잎과 씨앗에는 독성이 있으며, 독성분은 알칼로이드(alkaloid)인 taxine과 taxinine이고, terpene계인 taxol을 함유하고 있다.

발　병 : 열매의 씨에는 유독성분이 있으므로 씨는 먹지 말아야 한다.

기　타 : 호흡곤란과 소화기 증상이 주로 나타나며, 증상에 따라서 보존적 치료를 한다.

✽ 살구나무

살구(殺狗)라는 의미는 개의 독을 중화시킨다는 뜻에서 유래되었으며, 개고기를 먹고 체했을 때에 살구씨를 달여서 먹으면 낫는다고 전해진다.

일반명 : 개살구나무, 살구

학　명 : *Prunus armeniaca* var. *ansu* Maxim

분　류 : 장미과

분　포 : (재배용)

높　이 : 5 m 낙엽활엽 소교목

개　화 : 4월 (붉은색)

열　매 : 7월 (붉은색, 적황색)

생약명 : 행인

독성분 : 살구 씨에는 청산배당체인 amygdalin이 극히 소량 존재하며, 이 성분이 분해되면서 시안화물(청산칼륨, 청산가리)이 생성된다. 이외에도 가수분해 효소인 emulsin 등이 함유되어 있는데, 덜 익은 열매나 씨에는 아미그달린이라는 독성분이 매우 많다.

병　태 : 시안화칼륨(potassium cyanide, KCN)은 흔히 청산칼륨 혹은 청산가리라고 불리기도 한다. 시안화칼륨은 ferricytochrome oxidase를 억제하여 세포의 산소결핍을 유발한다. 청산가리 치사량은 0.15 g으로, 극소량을 섭취하여도 사망할 수 있는 매우 강력한 독극물이다.

발　병 : 덜 익은 열매나 살구 씨를 먹지 않도록 주의해야 한다.

V / S : 혈압저하, 호흡곤란

증　상 : 중추신경계 증상이 주요 증상이며, 심혈관계 증상, 급성 폐부종, 소화기 증상이 동반되기도 한다.

분 류	증상 / 징후
소화기계	구역질, 구토, 복통 등
호흡기계	폐부종에 의한 호흡곤란
신경계	두통, 불안, 흥분, 경련, 혼수 등

검　사 : 뇌 CT (basal ganglia가 주로 손상됨), 혈중 시안화물농도 측정, 심전도

치　료 : 중독이 심한 경우에는 청산가리의 해독제(amylnitrite, sodium nitrite, sodium thiosulfate)를 투여할 수도 있을 것으로 사료되며, 증상에 따라서 보존적인 치료를 시행한다.

증상 / 징후	치료방법
폐부종	고농도 산소투여, 이뇨제, 필요시 기계식 환기
혈압저하	수액투여, 필요시 혈관수축제 투여
기타	대사성 산증의 치료
해독제 (?)	1) amylnitrite 흡입 : 병원전 처치로만 사용. 2) sodium nitrite (3% $NaNO_2$) : 2~4분에 걸쳐서 정주한다. 성인 : 10 ml (300 mg), 소아 : 투여량(ml) = Hb(g) x 0.0275 x 체중(kg) 3) sodium thiosulfate (25% NaS_2O_3) : 서서히 정주 성인 : 50 ml (12.5 g), 소아 : 1.65 ml/kg (0.41 mg/kg) ※ 병원에서는 2), 3)을 투여함. ※ 해독제를 투여했으면 30분 후에 혈중 methemoblobin을 측정한다.

증상 / 징후	치료방법
폐부종	고농도 산소투여, 이뇨제, 필요시 기계식 환기
혈압저하	수액투여, 필요시 혈관수축제 투여
기타	대사성 산증의 치료
해독제(?)	1) amylnitrite 흡입 : 병원전 처치로만 사용. 2) sodium nitrite (3% NaNO2) : 2~4분에 걸쳐서 정주한다. 성인 : 10 ml (300 mg), 소아 : 투여량(ml) = Hb(g) x 0.0275 x 체중(kg) 3) sodium thiosulfate (25% NaS2O3) : 서서히 정주 성인 : 50 ml (12.5 g), 소아 : 1.65 ml/kg (0.41 mg/kg) ※ 병원에서는 2), 3)을 투여함. ※ 해독제를 투여하면 30분 후에 혈중 methemoblobin을 측정한다.

✽ 복사나무

일반명 : 복숭아나무, 복성아나무, 복사

학　명 : *Prunus persica* (L.) Batsch for. *persica*

분　류 : 장미과

분　포 : (재배용)

높　이 : 3 m 낙엽활엽 소교목

개　화 : 4~5월 (흰색, 분홍색)

열　매 : 6~8월 (분홍색, 갈황색)

약　명 : 도인, (도핵인)

독성분 : 복숭아 씨에는 청산배당체인 극히 소량의 amygdalin과 가수분해 효소인 emulsin이 함유되어 있다.

병　태 : 아미그달린(amygdalin)이 분해되면서 청산이온이 생성되는데, 시안화칼륨(potassium cyanide, KCN)은 시안한화 수소와 칼륨의 화합물로써, 흔히 청산칼륨 혹은 청산가리라고 불리기도 한다. 청산가리 치사량은 0.15 g으로, 극소량을 섭취하여도 사망할 수 있는 매우 강력한 독극물이다.

발　병 : 복숭아 씨는 먹지 않도록 주의해야 한다.

V / S : 혈압저하, 호흡곤란

증　상 : 중추신경계 증상이 주요 증상이며, 심혈관계 증상, 급성 폐부종, 소화기증상이 동반되기도 한다.

분 류	증상 / 징후
소화기계	구역질, 구토 등
호흡기계	폐부종에 의한 호흡곤란
신경계	두통, 불안, 흥분, 경련, 혼수 등

검　사 : 뇌 CT (basal ganglia가 주로 손상됨), 혈중 시안화물농도 측정, 심전도

치　료 : 중독이 심한 경우에는 청산가리의 해독제(amylnitrite, sodium nitrite, sodium thiosulfate)를 투여할 수도 있을 것으로 사료되며, 증상에 따라서 보존적인 치료를 시행한다.

증상 / 징후	치료방법
폐부종	고농도 산소투여, 이뇨제, 필요시 기계식 환기
혈압저하	수액투여, 필요시 혈관수축제 투여
기타	대사성 산증의 치료
해독제 (?)	1) amylnitrite 흡입 : 병원전 처치로만 사용. 2) sodium nitrite (3% $NaNO_2$) : 2~4분에 걸쳐서 정주한다. 성인 : 10 ml (300 mg), 소아 : 투여량(ml) = Hb(g) x 0.0275 x 체중(kg) 3) sodium thiosulfate (25% $NaS2O_3$) : 서서히 정주 성인 : 50 ml (12.5 g), 소아 : 1.65 ml/kg (0.41 mg/kg) ※ 병원에서는 2), 3)을 투여함. ※ 해독제를 투여하면 30분 후에 혈중 methemoblobin을 측정한다.

✽ 두메닥나무

깊은 산(두메산골)에서 자라는 닥나무라는 뜻이며, 가지가 부러질 때 '딱~' 소리가 난다고 하여 닥나무라는 이름이 붙었다.

일반명 : 백서향나무, 조선닥나무, 화태닥나무
학　명 : *Daphne pseudomezereum* var. *koreana* (Nakai) Hamaya
분　류 : 팥꽃나무과
분　포 : 고산지대 (발와산, 오대산, 지리산, 태백산, 한라산 등)
높　이 : 30~40 cm 낙엽활엽 관목
개　화 : 4~5월 (노란색, 흰색)
열　매 : 6월 (붉은색)
기　타 : 소화기 증상이 주로 나타날 것으로 사료되고 해독제는 없으며, 증상에 따라서 보존적인 치료를 한다.

철쭉

걸음을 머뭇거리게 한다는 뜻의 한자어인 척촉(擲燭)에서 유래된 것이다.

일반명 : 개꽃나무, 철쭉꽃, 참철쭉, 철쭉나무, 함박꽃

학 명 : *Rhododendron schlippenbachii* Maxim.

분 류 : 진달래과

분 포 : 산

높 이 : 2~3 m 낙엽관목

개 화 : 5월 (연분홍색, 적색 등)

열 매 : 8~10월

생약명 : 양척촉, (척촉)

감 별 : 진달래는 꽃이 핀 후에 잎이 나기 시작하며 잎이 가늘고 길다(page 24 참조). 반면에, 철쭉은 꽃과 잎이 거의 동시에 나오며, 꽃봉오리를 만지면 끈적끈적한 느낌이 있다.

독성분 : 철쭉의 꽃과 잎에는 안드로메도톡신(andromedotoxin)이라는 독성분을 함유하고 있다. 안드로메도톡신의 함량은 꽃에서 13 mg%로 가장 높고, 잎에서는 봄에 12 mg%로 높다가 6월부터 점차 감소하기 시작하여 가을에는 1~2 mg%까지 감소한다. 주된 독성분은 Grayanotoxin인데 특히 Grayanotoxin subtype I, II, III가 많다. Grayanotoxin subtype I은 andromedotoxin, rhodotoxin, acetylandromedol이라고도 불리는데, 주로 꽃, 꿀, 잎에 존재한다. Grayanotoxin subtype II는 andromedenol, anhydroandromedenol이라고도 하며, 나무와 잎에 주로 존재한다. Grayanotoxin subtype III은 andromedol 이라고도 하며, 주로 꿀과 꽃에 존재한다.

병 태 : Grayanotoxin은 natrachotoxin, veratridine, aconitine 등과 같은 지용성 신경독성물질로 Na^+ channel과 결합하여 Na^+ channel의 개방을 증진시키고, 정지막전위(resting membrane potential)의 탈분극을 유도함으로써 신경과 근육, 심장조직의 흥분성에 영향을 미친다. 미주신경의 긴장 증가로 인하여 M2 muscarinic receptor에 선택적 길항작용이 발생하여 부정맥이 나타난다.

발 병 : 꽃을 생식, 화전(꽃), 술 등을 섭취한 후에 발생한다.

발 현 : 복용 후 30분~2시간 이내에 중독증상이 발현한다.

V / S : 혈압강하, 서맥, 부정맥, 체온하강

증 상 : 소화기 증상과 함께 두통이나 어지럼증이 동반된다.

분류	증상 / 징후
소화기계	오심, 구토, 복통 등
심혈관계	혈압강하, 서맥, 부정맥, 체온하강
신경계	두통 어지럼증, 실신 등

검 사 : 심전도에서 부정맥

치 료 : 경구로 섭취한 경우에는 초기에 독성제거술(위세척, 활성탄)을 시행하면서 증상에 따라서 보존적인 치료를 한다. 독성분이 sodium channel과 결합하므로, 이론적으로는 sodium channel blocking agent인 quinidine이나 procainamide가 해독작용이 있을 것으로 추정되지만 현재까지 효과는 확실하지 않다.

증상 / 징후	치료방법
해독제	sodium channel blocking agent (quinidine, procainamide)
혈압저하	수액치료, 필요시 도파민이나 에피네프린 투여 등
서맥	중증의 서맥인 경우에는 아트로핀 투여

결 과 : 수시간~수일 후 회복되며, 외국문헌에서도 사망사례가 보고된 적은 없다.

증례

진달래보다는 철쭉의 독성이 강하며 일반인들이 구분하기 힘들기 때문에 철쭉 중독을 진달래 중독으로 오판하는 경우가 많다. 다음의 경우도 진달래 중독으로 보고된 논문이지만, 실제로는 철쭉에 의한 중독으로 사료되는 사례이다.

[대한임상독성학회지 2005:3(1): 52-55]

(제목) 진달래꽃과 관련된 중독 2예

(내용) 50세 여자가 3시간 전에 진달래술을 마신 후부터 오심, 구토, 어지럼증이 발현하였으며 생체징후가 불안정하였고(BP 80/50 mmHg, PR 39/min, lathargy), 심전도에서는 3rd degree AV block이 관찰되었으나 보존적 치료로 회복되었다. 45세 여자가 3시간 30분 전에 진달래꽃 1움큼 먹고 오심, 구토, 의식저하가 발현하여 내원하였다(BP 80/50 mmHg, PR 60/min.) 심전도에서는 1st degree AV block이 나타났고, 보존적 치료와 도파민투여로 입원 후 40시간 만에 퇴원하였다.

[대한응급의학회지 2000:11(3):372-377]

(제목) 진달래꽃에 의한 grayanotoxin 중독 3예

(내용) 73세 남자가 진달래꽃 5웅큼 먹은 2시간 후에 구토, 시력저하가 발생하였고, 70세 남자는 진달래술 1컵을 먹은 후 1시간 만에 어지럼증과 흉통이 발생하였으며, 61세 여자는 진달래꽃 즙을 마신 후 1시간 만에 어지럼증, 구토, 흉통이 발생하였다.

[Korean J Pediatr Gastroenterol Nutr. 2008;11(2):223-225]

(제목) A Case of Grayanotoxin Intoxication Presenting with Mental Changes and Vomiting

(내용) 9살 남자가 철쭉꽃 10개를 먹고 26시간 후부터 의식장애가 발생하였으며, 보존적 치료를 시행하면서 17시간 후 완전히 회복되었다.

[J Korean Pediatr Soc 1977:20(1):28-35]

(제목) Clinical Studies of Acute Poisoning in Children

(내용) 급성 중독 소아환자 171명을 분석한 결과, 5명은 독초에 의한 중독이었으며, 이중 4명은 철쭉에 의한 것이고 나머지 1명은 은행을 먹고 중독되었다.

✽ 은행나무

살구를 닮은 열매에서 은빛이 돈다고 해서 은행(銀杏 ; 은빛 銀, 살구 杏)으로 불리우며, 중국에서는 공손수(公孫樹)라고 하는데, 열매가 맺기까지 수 십년이 걸리기 때문에 할아버지가 심으면 손자가 그 열매를 먹게 된다는 뜻에서 붙여진 이름이다.

일반명 : 행자목, (공손수, 압각수)

학 명 : *Ginkgo biloba* L.

분 류 : 은행나무과

분 포 : 재배용

높 이 : 5~10 m 낙엽침엽 교목

개 화 : 5월 (황녹색)

열 매 : 9~10월 (황갈색)

생약명 : 은행, (백과)

독성분 : 주요 독성분인 아미그달린(amygdalin)은 레트릴(laetrile)이라고도 하며, 자연적으로 생성되는 청산배당체 중의 한 종류이다. 또한, ginkgolides A-C, M이라는 독성분도 중독을 유발한다. 열매의 껍질에 있는 bilobol 성분은 피부 염증을 유발한다.

병 태 : 청산배당체의 주요 성분인 시안화물(cyanide)은 체내의 많은 효소(succinic acid dehydrogenase, superoxide dismutase, carbonic anhydrase, cytochrome oxidase)를 억제하는데, 이중 씨토크롬산화효소의 억제로 인하여 세포의 저산소증이 주요 독작용으로 알려져 있다. 그리고, ginkgolides A-C, M은 혈소판 활성화 성분(platelet activating factor)과 티아민(thiamine)을 억제한다.

발 병 : 식용으로 다량을 먹거나, 은행열매를 덜 익혀서 먹은 경우에 중독될 수 있다.

발 현 : 다량 섭취 후 수 시간이 경과하면서 증상이 발현한다.

V / S : 혈압저하, 호흡곤란

증 상 : 중추신경계 증상이 주요 증상이며, 심혈관계 증상, 급성 폐부종, 소화기증상이 동반되기도 한다.

분 류	증상 / 징후
소화기계	구역질, 구토 등
호흡기계	폐부종에 의한 호흡곤란
신경계	두통, 불안, 흥분, 경련, 혼수 등
피부계	접촉성 피부염

검 사 : 뇌 CT (basal ganglia가 주로 손상됨), 혈중 시안화물농도 측정, 심전도

치 료 : 중독이 심한 경우에는 청산가리의 해독제(amylnitrite, sodium nitrite, sodium thiosulfate)를 투여할 수도 있을 것으로 사료되며, 증상에 따라서 보존적인 치료를 한다.

증상 / 징후	치료방법
해독제	폐부종 고농도 산소투여, 이뇨제, 필요시 기계식 환기
혈압저하	수액투여, 필요시 혈관수축제 투여
경련	diazepam과 pyridoxal phosphate 투여
해독제 (?)	1) amylnitrite 흡입 : 병원전 처치로만 사용. 2) sodium nitrite (3% NaNO2) : 2~4분에 걸쳐서 정주한다. 성인 : 10 ml (300 mg), 소아 : 투여량(ml) = Hb(g) x 0.0275 x 체중(kg) 3) sodium thiosulfate (25% NaS2O3) : 서서히 정주 성인 : 50 ml (12.5 g), 소아 : 1.65 ml/kg (0.41 mg/kg) ※ 병원에서는 2), 3)을 투여함. ※ 해독제를 투여하면 30분 후에 혈중 methemoblobin을 측정한다.

증례

[대한응급의학회지 2003:14(4):458-461]

(제목) 다량의 은행을 복용한 후 발생한 청산중독 의증 1례

(내용) 46세 여자가 2일전 다량의 은행을 먹은 후 구토, 의식소실, 경련이 발생하여 응급실에 내원하였으며, 보존적인 치료 후 증상이 회복되었다.

[Pediatr Neurol 2006;35(4):275-6]

(제목) Ginkgo nut intoxication in a 2-year-old male

(내용) 2세 남아가 구운 은행을 먹고 4시간 후에 구토와 경련이 발현하였으며, 혈액검사와 소변검사에서 많은 양의 4-O-methoxypyridoxine이 검출되었다. 환자에게 diazepam과 pyridoxal phosphate를 투여하였으며 이후 증상이 호전되었다.

[Epilepsia 2001;42(2):280-1]

(제목) Generalized convulsions after consuming a large amount of gingko nuts

(내용) 36세 여자가 건강식으로 은행 70-80개 정도를 먹고 4시간 후부터 구토와 전신성 경련이 발현하였다.

[Pediatrics 2002;109(2):325-7]

(제목) Ginkgo seed poisoning

(내용) 2세 여아가 은행을 먹고 7시간 후부터 구토와 설사가 발현하였으며, 섭취후 9시간 정도에는 경련이 동반되었다. 혈액검사에서는 4-metoxypyridoxine이 360 ng/mL으로 검출되었고, pyridoxal phosphate (2 mg/kg)을 투여하면서 경련이 소실되었다.

[J Korean Pediatr Soc 1977:20(1):28-35]

(제목) Clinical Studies of Acute Poisoning in Children

(내용) 급성 중독 소아환자 171명을 분석한 결과, 5명은 독초에 의한 중독이었으며, 이중 4명은 철쭉에 의한 것이고 나머지 1명은 은행을 먹고 중독되었다.

[대한응급의학회지 2005:48(4):302-408]

(제목) 생약제의 부작용; 신경계 부작용을 보이는 약제

(내용) 은행잎은 혈소판 활성인자를 억제하는 작용이 있어서 지주막하출혈 및 경막내출혈을 유발한 사례가 보고된 바 있다. 또한, 소아가 은행을 과량 복용하면 구토 후에 의식을 잃고 간질성 발작을 계속하고, 심하면 사망하기도 한다. 특히, 은행의 4-0-methylpyrodixine이 비타민 B_6와 길항작용을 하여 강직성 경련을 일으킨다.

[제59차 대한소아과학회 추계학술대회 초록집 p363]

(제목) 다량의 은행 섭취후 발생한 전신 발작 1예

(내용) 6세 남아가 7시간 전에 볶은 은행 40알 정도를 먹은 후 구토 3~4회와 4분 경련이 지속되어 응급실로 내원하였다. 입원후 치료를 하던 중 경련이 1차례 더 발생하여 benzodiazepine 2mg을 투여하였으며, 입원 4일째에 퇴원하였다.

✽ 노린재나무

가을에 단풍이 든 잎을 태우면 노란색의 재를 남긴다고 하여 붙여진 이름이다.

일반명 : (모화산반, 우비목)

학　명 : *Symplocos chinensis* for. *pilosa* (Nakai) Ohwi

분　류 : 노린재나무과

분　포 : 산지, (관상용)

높　이 : 1~3 m 낙엽활엽관목

개　화 : 5월 (백색)

열　매 : 8~9월 (파란색)

생약명 : (화산반, 화산반근, 화산반과)

기　타 : 소화기 증상이 주로 나타날 것으로 사료되고, 증상에 따라서 보존적 치료를 한다.

✿ 찔레꽃

찌르는 나무라는 뜻에서 붙여진 이름이다.

일반명 : 가시나무, 들장미, 새버나무, 질누나무, 질꾸나무, 찔레나무, (설널네나무)

학　명 : *Rosa multiflora* Thunb. var. *multiflora*

분　류 : 장미과

분　포 : 산기슭, 볕이 잘 드는 냇가와 골짜기

높　이 : 1~2 m 낙엽활엽 관목

개　화 : 5월 (흰색, 연한 붉은색)

열　매 : 8~9월 (붉은색)

생약명 : 영실

독성분 : 열매에는 flavonoid 배당체인 quercirrin, multiflorine A, B 등이 함유되어 있지만, 인체에 유해한 독성분에 대한 근거자료는 부족한 실정이다.

발　병 : 어린 잎과 꽃잎은 식용하기도 하는데, 뜨거운 물에 데친 후에 조리해야 한다.

기　타 : 소화기 증상이 주로 나타날 것으로 사료되고 해독제는 없으며, 증상에 따라서 보존적인 치료를 한다.

✽ 일본유동

일반명 : 기름오동, 기름오동나무(북한명), 유동(중국명)
학　명 : *Vernicia montana* Lour
분　류 : 남부지방
분　포 : 대극과
높　이 : 10 m 낙엽활엽 교목
개　화 : 5~6월 (붉은색이 도는 흰색)
열　매 : 9~10월 (황갈색)
생약명 : -
기　타 : 인체독성에 대한 국내자료는 없는 실정이다.

백산차

옛조상들이 백두산의 신에게 올리는 차의 재료라고 하여 백산차라고 명명되었다.

일반명 : 털백산차, 북백산차, (넓은백산차)

학 명 : *Ledum palustre* var. *diversipilosum* Nakai

분 류 : 진달래과

분 포 : 습지식물 (백두산의 숲 밑)

높 이 : 15~70 cm 소관목

개 화 : 5~6월 (흰색)

열 매 : 6~9월

생약명 : 백산차

독성분 : 안드로메도톡신(andromedotoxin)이 주성분이다. 이외에도 백산차에는 플라보노이드, 쿠에르세린, 히페르시드 등이 들어 있다.

발 병 : 식용이 가능하지만 어린 잎만 식용해야 한다.

증 상 : 소화기 증상(오심, 구토, 복통 등)과 함께 두통이나 어지럼증이 동반된다.

치 료 : 해독제는 없으며, 증상에 따라서 보존적 치료를 시행한다.

✽ 좁은백산차

옛조상들이 백두산의 신에게 올리는 차의 재료라고 하여 백산차라고 명명되었다.

일반명 : 가는잎백산차, 애기백산차

학　명 : *Ledum palustre* var. *decumbens* Aiton

분　류 : 진달래과

분　포 : 높은 산 숲속 (백두산)

높　이 : 15~70 cm 상록활엽 관목

개　화 : 5월 (흰색)

열　매 : 6~10월

생약명 : 백산차

기　타 : 독성분, 중독증상, 치료법 등은 백산차와 거의 동일하다(page 260 참조).

✽ 갈매나무

일반명 : 참갈매나무, (노관안, 동록, 참살매나무, 취이자)
학　명 : *Rhamnus davurica* Pall.
분　류 : 갈매나무과
분　포 : 산골짜기와 냇가
높　이 : 3~5 m 낙엽활엽관목
개　화 : 5~6월 (청록색)
열　매 : 9~10월 (검은색)
생약명 : 서리근, 서리자, 서리피
독성분 : 주요 독성분은 컴페롤(kaempferol)과 크리소파놀안트론(chrysophanol antrone)으로 알려져 있으며, 이외에도 saponin, terpenoid, steroid, anthraquinone이 있다.
병　태 : 컴페롤은 장의 부교감신경을 흥분시키고 장의 점막을 자극하여 복통, 설사 등을 유발하고 이뇨작용도 있다. 신선한 열매에는 크리소파놀안트론이라는 성분이 있어서 구토를 유발하며, 시간이 경과하면서 안트론은 안트라키논으로 변한다.
증　상 : 중독시 소화기 증상(구역질, 구토, 복통, 설사 등)이 주로 나타난다.
치　료 : 해독제는 없으며, 증상에 따라서 보존적인 치료를 시행한다.
결　과 : 사망사례가 보고된 국내 의학논문은 현재까지 없다.

증례

[생약학회지 1989:23(3):149-153]
(제목) 국내 자생식물의 화학성분 검색(I)
(내용) 국내의 5개 자생식물(쐐기풀과, 노박덩굴과, 갈매나무과, 벽오동과, 꼭두서니과)에 대하여 화학성분을 분석한 결과, 함량에 약간의 차이는 있지만 saponin, terpenoid, steroid, anthraquinone, flavonoid가 확인되었다.

✽ 굴거리나무

굿거리에 이용되었기에 굿거리 나무로 불리우다가 굴거리나무로 명명되었다.

일반명 : 굴거리, 만병초, 청대동
학　명 : *Daphniphyllum macropodum* Miq.
분　류 : 굴거리나무과 (대극과)
분　포 : 산지, (관상용)
높　이 : 7~10 m (상록 활엽 소교목)
개　화 : 5-6월 (녹색)
열　매 : 10~11월 (검은 자주색)
생약명 : 교양목엽, 우이풍
독성분 : 잎과 줄기에 alkaloid로 daphniphylline, yuurimine, secodaphniphylline 등이 함유되어 있다.
기　타 : 독성분에 의거하면 daphniphylline은 호흡기 질환(천식 등)을 유발하고, yuurimine은 중추신경의 마비를 유발할 것으로 사료된다. 해독제는 없으며 중독증상에 따른 보존적 치료를 시행한다.

✽ 참빗살나무

참빗의 살을 만드는 데 사용되는 나무라고 하여 붙여진 이름이다.

일반명 : 물뿌리나무, 화살나무

학　명 : *Euonymus hamiltonianus* Wall. var. *hamiltonianus*

분　류 : 노박덩굴과

분　포 : 냇가, 습한지대

높　이 : 3~8 m 낙엽활엽 소교목

개　화 : 5~6월 (연한 녹색)

열　매 : 7~10 (붉은색)

생약명 : 사면목

독성분 : 씨에는 에보니민이라는 성분이 함유되어 있으며, 약간의 독성이 있다.

발　병 : 어린 순은 식용도 하는데, 잎과 열매나 씨는 독성이 있으므로 먹어서는 안 된다.

증　상 : 잎을 먹으면 설사가 발생하며, 씨를 먹으면 중독될 수 있다.

치　료 : 해독제는 없으며, 중독증상에 따라서 보존적인 치료를 한다.

✽ 섬노린재나무

가을에 단풍이 든 잎을 태우면 노란색의 재를 남긴다고 하여 붙여진 이름이다.

일반명 : 섬노린재

학　명 : *Symplocos coreana* (H.Lev.) Ohwi

분　류 : 노린재나무과

분　포 : 제주, (관상용)

높　이 : 3~5 m 낙엽활엽관목

개　화 : 5~6월 (백색)

열　매 : 9월 (남홍색)

생약명 : (화산반, 화산반근, 화산반과)

기　타 : 소화기 증상이 주로 나타날 것으로 사료되고, 증상에 따라서 보존적 치료를 한다.

✽ 수국

물(水)을 좋아하는 국화(菊)라는 뜻에서 명명되었다.

일반명 : 분수국
학 명 : *Hydrangea macrophylla* (Thunb.) Ser.
분 류 : 범의귀과
분 포 : 그늘진 곳
높 이 : 1~1.5 m 낙엽 관목
개 화 : 5~6월 (분홍색, 흰색, 남색)
열 매 : -
생약명 : 팔선화
독성분 : Cyanogenic glycoside의 종류인 hydrangin이 주요 독성분이다.
발 병 : 연한 잎은 식용이 가능하지만 뜨거운 물에 데친 후 2~3일간 흐르는 물에 우려내야만 유독성분이 빠진다.
증 상 : 주로 소화기 증상(구역질, 구토, 복통 등)과 발한(땀)이 발현한다.
치 료 : 해독제는 없으며, 중독증상에 따라서 보존적인 치료를 한다.

✽ 칠엽수

일본이 원산지이며, 잎이 7개로 갈라져 있어서 칠엽수라고 한다.

일반명 : 칠엽나무, 왜칠엽나무, (마로니에)
학 명 : *Aesculus turbinata* Blume
분 류 : 칠엽수과
분 포 : 산 (관상용)
높 이 : 20~30 m 낙엽활엽교목
개 화 : 5~6월 (백색, 연분홍색)
열 매 : 8~10월 (황갈색)
생약명 : -
독성분 : 열매에는 saponin인 aescin과 japaaescin이 많으며, 수피에는 coumarin인 esculin과 quercetin 배당체가 함유되어 있다. 열매는 밤과 외형이 유사하지만 독성이 강하므로 주의해야 한다(사진 2).
발 병 : 밤과 외형이 유사한 찰엽수의 열매를 먹다가 중독되기도 한다.
기 타 : 소화기 증상이 주로 나타날 것으로 사료되고, 증상에 따라서 보존적 치료를 한다.

✽ 귀룽나무

일반명 : 귀룽나무, (귀중목, 구름나무)
학　명 : *Prunus padus* L. for. *padus*
분　류 : 장미과
분　포 : 산지, 계곡, 하천 유역
높　이 : 10~15 m 낙엽활엽교목
개　화 : 5~6월 (흰색)
열　매 : 6~7월 (검정색)
생약명 : 귀룡목, (귀룽목)
기　타 : 소화기 증상이 주로 나타날 것으로 사료되고 해독제는 없으며, 증상에 따라서 보존적인 치료를 한다.

❀ 옻나무

표면에 무엇을 바를 때 흔히 '칠한다' 는 단어를 이용하는데, 옻의 한자어인 칠(漆)에서 유래되었다.

일반명 : 옷나무, 참옻나무, (개옻나무, 칠목)

학　명 : *Rhus verniciflua* Stokes

분　류 : 옻나무과

분　포 : 산

높　이 : 7~10 m 낙엽교목

개　화 : 5~6월 (황록색)

열　매 : 7~10월 (연노랑)

생약명 : 건칠, 칠수, (칠사, 칠자)

독성분 : 옻나무류의 나무껍질에서는 페놀성 화합물이 분비되는데, 이것들은 모두가 염증의 원인이 되는 유독성분이다. 옻의 주성분은 알레르기를 유발하는 물질인 우루시올(urushiol)이며, 처음에는 무색투명하지만 공기에 접촉하면 산화효소의 작용으로 검게 변하여 옻이 된다. 특히, 접촉성 피부염을 유발하는 물질은 pentadecylcatechol로 알려져 있다.

발　병 : 옻의 수액에 피부나 신체가 접촉되어 중독된다. 어린 잎과 꽃잎을 식용하기도 하지만 독성이 있으므로 뜨거운 물에 데쳐서 조리해야 한다.

증　상 : 옻의 수액이 피부와 접촉하면 피부증상이 나타나며, 경구로 섭취하면 소화기증상이 나타난다.

분 류	증상 / 징후
소화기계	구역질, 구토, 항문 및 회음부의 가려움증 등
신경계	어지럼증
피부계	과민성 피부염을 일으켜 충혈, 가려움증, 물집, 화농

치　료 : 해독제는 없으며, 중독증상에 따라서 보존적인 치료를 한다. 특히, 예방이 중요한데, 옻을 만질 때는 손과 얼굴에 기름(식물유 또는 광물유)을 바르며, 작업이 끝난 다음에는 따뜻한 비눗물로 깨끗이 씻는다.

증례

[Korean J Dermatol 2008:46(6):761-768]

(제목) Clinical Features in 147 Patients with Systemic Contact Dermatitis due to the Ingestion of Chicken Boiled with Japanese Lacquer Tree.

(내용) 옻삼계탕을 먹고 전신성 접촉성 피부염에 걸린 147명의 환자를 분석한 결과, 환자의 60%는 이전에 옻나무와 관련된 알러지 증상이 있었으나, 나머지 40%의 환자들은 알러지 과거력이 없었다. 환자들은 스테로이드와 항히스타민제로 치료를 받았으며, 평균 치료기간은 8일이었다.

[J Eur Acad Dermatol Venereol 2006;20(2):212-3]

(제목) Three cases of severe *Rhus dermatitis* in an English primary school.

(내용) 옻나무에 접촉한 3명의 소아들에서 중증의 allergic contact dermatitis가 발생하였다.

[대한피부과학회지 1998:36(3):469-472]

(제목) 옻나무에 의한 부부 접촉 피부염

(내용) 5일 전 환자의 남편이 음식점에서 삶은 옻순을 손으로 잡고 먹었으며, 저녁에 환자(35세/여)와 성접촉을 하였다. 24시간 이 경과한 후 남편의 손에 노출된 환자의 신체부위에서 소양감을 동반한 홍반과 수포가 발현하였다.

[대한피부과학회지 1989:27(4):425-429]

(제목) 옻나무 접촉 후에 발생한 다형 홍반양 발진 1예

(내용) 40세 여자가 야산에서 옻나무와 접촉한 후에 수시로 피부병변이 발생하였으며, 주로 접촉 후 1일 이내에 홍반성의 윤상 혹은 홍체모양의 반과 구진이 발현하고 7일 이내에 자연 소실되었다.

[Contact Dermatitis 1986;14(5):288-9]

(제목) An outbreak of contact dermatitis from *Rhus verniciflua (Toxicodendron vernicifluum)*

(내용) 옻나무에 접촉한 후에 발생한 acute contact dermatitis의 증례보고이다.

✽ 덩굴옻나무

일반명 : -

학　명 : *Rhus ambigua* H.Lev.

분　류 : 옻나무과

분　포 : 산

높　이 : 길이 3 m 덩굴식물

개　화 : 5월 (연황색)

열　매 : 6월 (연황색)

생약명 : -

기　타 : 독성분, 중독증상, 치료법 등은 옻나무와 동일하다(page 269 참조).

✽ 월귤

일반명 : 땃들쭉, 큰잎월귤나무, 땅들쭉나무, 땅들쭉, 월귤나무
학　명 : *Vaccinium vitis-idaea* L.
분　류 : 진달래과
분　포 : 금강산 이북 고산지대, (관상용)
높　이 : 20~30 cm (상록 활엽 소관목)
개　화 : 5~6월 (붉은색)
열　매 : 8~9월 (붉은색)
생약명 : 월귤
기　타 : 잎에 arbutin, methylarbutin, pyroside, isoquercetin, hyperin 등이 함유되어 있다. 독성분에 대한 정확한 자료는 없으며, 열매는 가공하여 잼 등으로 식용한다.

✽ 소태나무

일반명 : 쇠태

학　명 : *Picrasma quassioides* Benn.

분　류 : 소태나무과

분　포 : 산지

높　이 : 10~12 m 낙엽활엽 소교목

개　화 : 5~6월 (녹색)

열　매 : 9월 (붉은색)

생약명 : 고목

독성분 : 잎은 매우 쓰고 독성이 있으며, 특히 임산부에게 치명적인 식물이다. 나무 전체에는 triterpene quassinoid 종류인 quassin, nihakilactone A~N, nigakihemiacetal A~C, picrasin A~G, 알칼로이드인 nigakinone 등이 함유되어 있다.

기　타 : 소화기 증상이 주로 나타날 것으로 사료되고, 증상에 따라서 보존적 치료를 한다.

❀ 굴피나무

일반명 : 굴태나무, 꾸정나무, 산가죽나무, 굴황피나무, 꾸졍나무
학　명 : *Platycarya strobilacea* Siebold & Zucc. var. *strobilacea* for. *strobilacea*
분　류 : 가래나무과
분　포 : 산지
높　이 : 3~12 m 낙엽활엽 소교목
개　화 : 5~6월 (황록색)
열　매 : 9월 (흑갈색)
생약명 : 화향수과
기　타 : 굴피나무의 잎에는 naphthoquinone, ursolic acid, gallic acid, dihydroxynaphthalene, eriodictyol 등이 있으며, 껍질(수피)에는 quercetin, hexahydroxyflavone, morin, myricetin, myricitrin, quercitrin, afzelin 등의 flavonol glycosides가 함유되어 있으나, 인체독성이나 독성분에 대한 전문자료는 없는 실정이다.

증례

[생약학회지 1998:29(4):353-356]
(제목) 굴피나무 수피의 플라보노이드 화합물
(내용) 굴피나무의 껍질(수피)에는 quercetin, hexahydroxyflavone, morin, myricetin, myricitrin, quercitrin, afzelin 등이 함유되어 있다.

[한국임학회 2007:96(4):408-413]
(제목) 굴피나무 수피의 flavonol glycosides
(내용) 굴피나무의 수피에서 여러 개의 화합물을 추출하였는데, 주로 flavonol glycosides였다.

✽ 멀구슬나무

나무의 열매가 익으면 과육이 푸석푸석해 멀건 구슬 모양이 되는 데서 유래되었다.

일반명 : 구주목, 구주나무, 말구슬나무

학　명 : *Melia azedarach* L.

분　류 : 멀구슬나무과

분　포 : 제주도와 남부지방

높　이 : 15 m 낙엽활엽 교목

개　화 : 5~6월 (자주색)

열　매 : 9~10월 (노란색)

생약명 : 고련피, (금영자)

기　타 : 수피에는 고미성분으로 toosendanin, nimbolin A~B, gedumin, fraxinellon, kulinon 등이 함유되어 있으나, 인체독성에 대한 전문자료는 없다.

✽ 때죽나무

열매를 찧어 냇물에 풀면 물고기들이 떼로 죽는다고 하여 때죽나무라는 명칭이 생겼다.

일반명 : 노가나무, 때쭉나무, 족나무, 왕때죽나무, (금대화, 노각나무, 목길자, 야말리, 오색말리, 추누수, 흑다화)

학　명 : *Styrax japonicus* Siebold & Zucc.

분　류 : 때죽나무과

분　포 : 산, 들, (관상용)

높　이 : 10 m 나무

개　화 : 5~6월 (흰색)

열　매 : 7~9월

생약명 : 매마등

독성분 : 열매와 잎에는 에고사포닌(egosaponin)이라는 마취성분이 많다.

병　태 : 에고사포닌은 생체에서 적혈구를 파괴하는 것으로 알려져 있다.

기　타 : 소화기 증상과 신경계 증상이 주로 나타날 것으로 사료되고 해독제는 없으며, 증상에 따라서 보존적인 치료를 한다.

✽ 박쥐나무

일반명 : 누른대나무, 털박쥐나무, (남방잎)
학 명 : *Alangium platanifolium* var. *trilobum* (Miq.) Ohwi
분 류 : 박쥐나무과
분 포 : 야산
높 이 : 3~4 m 낙엽활엽성 관목
개 화 : 5~7월 (노란색)
열 매 : 9월 (보라색)
생약명 : 팔각풍, 팔각풍근
발 병 : 봄에는 어린 잎을 식용하기도 하지만 독성식물이므로 주의해야 한다.
기 타 : 소화기 증상이 주로 나타날 것으로 사료되고, 증상에 따라서 보존적 치료를 한다.

✽ 석류나무

일반명 : 석누나무, 석류

학　명 : *Punica granatum* L.

분　류 : 석류나무과

분　포 : (관상용)

높　이 : 4~10 m 소교목

개　화 : 5~7월 (빨강, 흰색, 노란색, 얼룩)

열　매 : 9~10월 (노란색, 주황색)

생약명 : 석류피

독성분 : 뿌리와 줄기에는 알칼로이드인 pelletierine과 isopelletierine이 함유되어 있다.

병　태 : 동물실험에서 주로 운동장애나 호흡마비 등의 중독증상을 일으켰으며, 심장을 일시적으로 흥분시키고 심장박동수를 감소시킨다. 골격근에 대해서는 veratrum 알칼로이드와 같은 작용을 나타내고, 말초신경에 대해서는 curare성 독성작용을 보인다.

기　타 : 소화기 증상, 심혈관계 및 신경계 증상이 주로 나타날 것으로 사료되고, 증상에 따라서 보존적 치료를 시행한다.

✽ 실거리나무

줄기에서 나오는 갈고리 같은 가시가 옷이나 실에 잘 걸린다는 뜻에서 '실거리' 란 이름이 붙었다

일반명 : 띄거리나무, 띠거리나무, (살거리나무, 질거리나무)

학　명 : *Caesalpinia decapetala* Alston

분　류 : 콩과

분　포 : 산기슭 양지, (관상용)

높　이 : 4~5 m 덩굴성 낙엽관목

개　화 : 6월 (노란색)

열　매 : 7~9월

생약명 : 운실근

기　타 : 독성분 및 인체독성에 대한 국내의 전문자료는 현재까지 없다.

✽ 귤

일반명 : 귤나무, 밀감나무, 참귤나무
학　명 : *Citrus unshiu* S. Marcov.
분　류 : 운향과
분　포 : 제주도, (재배용)
높　이 : 5 m (상록 활엽 소교목)
개　화 : 6월 (흰색)
열　매 : 10월 (노란색, 황적색)
생약명 : 진피, 청피
기　타 : 열매 이외의 다른 부위를 섭취하면 소화기 증상이 주로 나타날 것으로 사료되고 해독제는 없으며, 증상에 따라서 보존적인 치료를 한다.

✿ 주엽나무

일반명 : 주염나무, (조각자나무, 쥐엽나무)
학　명 : *Gleditsia japonica* Miq.
분　류 : 콩과
분　포 : 산골짜기, 냇가
높　이 : 15~20 m 낙엽활엽 교목
개　화 : 6월 (황록색)
열　매 : 9~10월
생약명 : 조협, (조각자)
독성분 : 열매에는 gleditsia saponin이 5~8% 함유되어 있다.
발　병 : 어린 잎을 식용하기도 한다.
기　타 : 날카로운 가시에 의하여 피부손상을 받을 수 있으며, 경구로 섭취하면 소화기 증상이 주로 나타날 것으로 사료된다. 증상에 따라서 보존적 치료를 시행한다.

❀ 만병초

나무 잎을 달여 마시면 모든 병을 고칠 수 있다는 뜻에서 유래된 이름이다.

일반명 : 뚝갈나무, 들쭉나무, 붉은만병초, 큰만병초, 홍뚜갈나무, 홍만병초, 흰만병초, (풍엽, 석암엽, 문디풀)

학 명 : *Rhododendron brachycarpum* D.Don ex G.Don

분 류 : 진달래과

분 포 : 고산지대 (설악산, 소백산, 오대산, 울릉도, 지리산, 한라산)

높 이 : 1~4 m 상록활엽 소교목

개 화 : 6~7월 (붉은 갈색, 흰색)

열 매 : 8~9월 (갈색)

생약명 : 석남엽

독성분 : Rhodotoxin, rhododendrin, hyperoside, 안드로메도톡신(andromedotoxin)과 grayanotoxin이라는 독성성분이 포함되어 있으며, 철쭉에 의한 중독이나 석청 중독과 유사한 중독증상이 나타난다. 주된 독작용은 grayanotoxin에 의한다.

병 태 : Grayanotoxin의 독성작용은 나트륨통로(Na^+ channel) 개방에 의한 투과성 증가로 인한 것과 미주신경 활성화에 의한 것으로 생각되어 진다. Grayanotoxin은 체내에서 빠른 대사로 배설되므로 대부분 특별한 해독제 없이 치료가 된다. 그러나 다량을 섭취한 경우에는 생명이 위독해질 수도 있다.

발 병 : 만병초로 담근 술을 먹고 중독된 사례가 보고되었다. 연한 잎을 식용하기도 하지만 만병초는 독성이 있는 희귀식물이므로 먹지 않는 것이 바람직하다.

발 현 : 섭취 1~2시간 후부터 증상(어지럼증과 구토)이 발현한다.

V / S : 저혈압, 서맥, 부정맥(방실차단, 심실전도장애 등)

증 상 : 소화기증상과 신경계 증상이 주로 발현한다.

분 류	증상 / 징후
소화기계	구역질, 구토, 타액분비 증가 등
심혈관계	서맥, 혈압저하, 부정맥
신경계	현훈, 무력감, 의식소실, 시야장애, 경련 등

검 사 : 심전도

치 료 : 해독제는 없으며, 경구로 섭취한 경우에는 독성제거술(위세척, 활성탄)을 시행하면서 증상에 따라서 보존적인 치료를 한다. 혈압저하가 심한 경우에는 수액을 투여하면서, 혈압상승제(도파민)를 투여할 수 있다.

결 과 : 저혈압과 부정맥만 치료되면 1일 이내에 회복된다.

증례

[대한임상독성학회지 2006:4(2):143-146]

(제목) 만병초에 의한 전신중독 2예

(내용) 만병초로 담근 술을 마신 후 저혈압 증상이 발생하여 응급실에 내원한 환자 2명이 수액투여, 도파민투여 등으로 회복되었다.

[Korean Circ J 2002:32(3):268-270]

(제목) A Case of Severe Bradyarrhythmia after Ingestion of *Rhododendron brachycarpum*.

(내용) 59세 남자가 민간요법으로 만병초를 먹고 어지럼증, 전신쇠약감, 흉통 등이 발현하였다. 심전도에서는 중증의 서맥과 방실차단이 관찰되었으며, 아트로핀을 투여한 후 회복되었다.

✿ 노랑만병초

나무 잎을 달여 마시면 모든 병을 고칠 수 있다는 뜻에서 유래된 이름이다.

일반명 : 만병초, 들쭉나무, 노랑꽃만병초, 노랑뚝갈나무

학 명 : *Rhododendron aureum* Georgi

분 류 : 진달래과

분 포 : 고산지대

높 이 : 1 m 상록활엽 소교목

개 화 : 5~6월 (연황색)

열 매 : 6월

생약명 : 석남엽

기 타 : 독성분, 중독증상, 치료법 등은 만병초와 유사하다(page 284 참조).

✽ 개다래

열매가 혓바닥을 쏘는 듯한 맛이 나고 달지 않아서 먹을 수 없기 때문에 개다래라 한다

일반명 : 개다래나무, 묵다래나무, 말다래, 못좆다래나무, 쥐다래나무, 못좇다래나무, 말다래나무, 개다래덩굴, 쉬젓가래

학 명 : *Actinidia polygama* Planch. ex Maxim.

분 류 : 다래나무과

분 포 : 깊은 산 숲속

높 이 : 길이 5 m 낙엽활엽 만목.

개 화 : 6~7월 (흰색)

열 매 : 9~10월 (노란색)

생약명 : 목천려, 목천려근

독성분 : 열매에는 iridomyrmecin 등의 iridoid, actinidine, metatabic acid, metatabilactone 등이 함유되어 있다.

발 병 : 열매를 식용도 하지만, 미약한 독성이 있는 것으로 알려져 있다.

기 타 : 동물에서는 비정상적으로 흥분하는 신경계 증상이 나타나는데 사람의 중독사례가 보고된 논문은 없으며, 증상에 따라서 보존적인 치료를 한다.

✽ 개옻나무

옻나무와 유사하지만 품질이 떨어진다고 하여 개옻나무라고 한다.

일반명 : 개옻나무, 새옻나무, 털옻나무, (산칠수)

학　명 : *Rhus tricocarpa* Miq.

분　류 : 옻나무과

분　포 : 산

높　이 : 7 m (낙엽활엽 소교목)

개　화 : 6~7월 (황록색)

열　매 : 9~10월 (황갈색)

생약명 : 건칠, 칠수, (생칠, 칠사, 칠수피, 칠수심목, 칠엽)

독성분 : 옻나무류의 나무껍질에서는 페놀성 화합물이 분비되는데, 염증의 원인이 되는 유독성분이다.

발　병 : 옻의 수액에 피부나 신체가 접촉되어 중독된다. 어린 잎과 꽃잎을 식용하기도 하지만 독성이 있으므로 뜨거운 물에 데쳐서 조리해야 한다.

증　상 : 옻의 수액이 피부와 접촉하면 피부증상이 나타나며, 경구로 섭취하면 소화기 증상이 나타난다.

분류	증상 / 징후
소화기계	구역질, 구토, 항문 및 회음부의 가려움증 등
피부계	과민성 피부염을 일으켜 충혈, 가려움증, 물집, 화농
신경계	어지럼증

치　료 : 해독제는 없으며, 증상에 따라서 보존적인 치료를 한다. 특히, 예방이 중요한데, 옻을 만질 때는 손과 얼굴에 기름(식물유 또는 광물유)을 바르며, 작업이 끝난 다음에는 따뜻한 비눗물로 깨끗이 씻는다.

❀ 광대싸리

싸리의 처럼 생겼으며, 광대의 옷색깔처럼 울긋불긋하여 광대라는 접두어가 붙었다.

일반명 : 고리비아리, 공정싸리, 구럭싸리, 굴싸리, 싸리버들옻

학 명 : *Securinega suffruticosa* Rehder

분 류 : 대극과

분 포 : 산기슭, 볕이 잘 드는 강가

높 이 : 3~4 m 낙엽관목

개 화 : 6~7월 (노란색)

열 매 : 7~8월 (황갈색)

생약명 : 엽하주, 일엽추, 화소초

독성분 : 잎에는 알칼로이드인 securinine, allosecurinine, dihydrosecurenine이 함유되어 있으며, 이외에도 rutin, securinol 등이 있다.

발 병 : 어린 순은 식용이 가능하지만 뜨거운 물에 데친 후 2~3일간 흐르는 물에 우려내야만 유독성분이 빠진다.

기 타 : 소화기 증상이 주로 나타날 것으로 사료되고 해독제는 없으며, 증상에 따라서 보존적인 치료를 한다.

증례

[생약학회지 2003:34(1):14-17]

(제목) 광대싸리잎의 acetylcholinesterase 활성 저해성분

(내용) 광대싸리의 잎에서 dihydrosecurinine이라는 alkaloid 화합물 1종을 분리하였는데, acetylcholinesterase의 활성을 농도 의존적으로 저해시키는 것을 확인하였다.

✽ 소철

철분을 좋아하는 식물이고, 식물이 쇠약할 때 철분을 주면 회복된다고 한다.

일반명 : (철수, 피화초, 풍미초)
학 명 : *Cycas revoluta* Thunb.
분 류 : 소철과
분 포 : 제주도, (관상용)
높 이 : 1~4 m 상록소교목
개 화 : 6~7월 (황갈색)
열 매 : 8~10월 (붉은색)
생약명 : 무루자
독성분 : 소철의 배당체들(cycasin, neocycasin, macrozamine)은 pseudo형 청산배당체로서 유독하며 발암성도 있다.
발 병 : 원줄기에서 녹말을 채취하지만 독성이 있으므로 물에 충분히 우려내야 한다.
기 타 : 소화기 증상이 주로 나타날 것으로 사료되고 해독제는 없으며, 증상에 따라서 보존적인 치료를 한다.

✿ 산수국

산에서 피어나는 물을 좋아하는 국화(菊)라는 의미에서 붙여진 이름이다.

일반명 : 털수국, 털산수육

학　명 : *Hydrangea serrata* for. *acuminata* Wilson

분　류 : 범의귀과

분　포 : 산골짜기

높　이 : 1 m 낙엽 관목

개　화 : 6~8월 (하늘색)

열　매 : 9~10월

생약명 : 팔선화

기　타 : 독성분, 중독증상, 처치법 등은 수국과 동일하다(page 266 참조).

가시오갈피

다섯 갈래의 잎이 나온다고 하여 오갈피라고 명명되었고, 가시가 많아서 가시오갈피이다.

일반명 : 가시오갈피나무, 민가시오갈피, 왕가시오갈피나무, 왕가시오갈피

학 명 : *Eleutherococcus senticosus* Maxim.

분 류 : 두릅나무과

분 포 : 깊은 산지

높 이 : 2~3 m 낙엽활엽관목

개 화 : 7월 (연한 자주색이 도는 황색)

열 매 : 10월 (검정색)

생약명 : 오가피, 자오가, 자오갈피

독성분 : 줄기와 뿌리의 껍질에는 lignan배당체인 eleutheroside A-G가 다량 함유되어 있으며, 이외에도 ciwujanoside A1-E 및 polyacethylene 등의 saponin이 함유되어 있다.

기 타 : 해독제는 없으며 중독증상에 따라 보존적 치료를 시행한다.

✽ 헛개나무

일반명 : 고려호리깨나무, 민헛개나무, 볼게나무, 홋개나무, 호리깨나무, (지구자나무)
학 명 : *Hovenia dulcis* Thunb. ex Murray
분 류 : 갈매나무과
분 포 : 산지
높 이 : 10~15 m 낙엽활엽 교목
개 화 : 7월 (녹색)
열 매 : 9~10월 (갈색)
생약명 : 지구자
기 타 : 독성분은 명확하지 않으나 간독성을 유발한 경우가 보도되고 있다.

증례

[대한응급의학회지 2008:6(2):110-116]
(제목) 식물제제와 연관된 급성 독성 간염으로 인한 간이식
(내용) 식물제제에 의한 간손상으로 간이식을 받은 환자 24명 중, 1명은 헛개나무에 의한 것이었다.

✽ 협죽도

잎이 좁고 줄기는 대나무와 비슷하고 꽃은 복숭아와 같다고 하여 협죽도라 하고, 나무모양은 버드나무와 비슷하나 복사나무를 닮은 꽃이 핀다고 하여 유도화(柳桃花)라고도 한다.

일반명 : 류선화, 유도화

학　명 : Nerium indicum Mill.

분　류 : 협죽도과

분　포 : 햇볕이 잘 쬐고 습기가 많은 곳 (제주도)

높　이 : 2~3 m 상록관목

개　화 : 7~8월 (붉은색, 흰색)

열　매 : 8월 (갈색)

생약명 : 협죽초

독성분 : 잎에는 강심배당체(cardiac glycoside)인 oleandrin, adynerin, neriocorin, odorin 등이 함유되어 있다.

병　태 : 올레안더는 세상에서 가장 치명적인 독성분으로 알려져 있으며, 협죽도가 보유한 독성분인, 올레안더, 레린(reriine), 기토키시겐, 디키토키시겐 등은 주로 잎에 그리고 줄기와 종자, 뿌리에 분포되어 있다. 동물실험에서 치사량은 올레안더 0.5 mg/kg으로 보고되고 있다.

V / S : 부정맥

증　상 : 디곡신 중독과 거의 유사한 증상이 나다난다. 소화기증상과 심혈관계 증상이 주로 나타나는데, 설사가 심한 경우에는 혈변이 동반될 수도 있다. 심박동이 불규칙하게 나타나는데, 초기에는 심박동이 증가하다가 나중에는 감소한다. 피부에 접촉하는 경우에는 피부병변을 유발한다.

분 류	증상 / 징후
소화기계	구역질, 구토, 타액과다, 복통, 설사
심혈관계	불규칙적인 심박동, 창백하고 차가운 사지
신경계	의식장애, 경련, tremor, 혼수, 사망
피부계	접촉성 피부질환, 안구질환(염증, 가려움 등), 알러지 피부질환

검　사 : 심전도, 혈중 abnormal digoxin / 혈중 디곡신 레벨이 정확히 중독량을 의미하지는 않으며, 일부 중독환자에서는 음성으로 나타날 수도 있다.

치　료 : 해독제는 digoxin Fab이며, 경구로 섭취한 경우에는 초기에 활성탄을 반복적으로 투여하면서 해독제를 과량 주사한다. 증상에 따라서 필요한 보존적인 치료를 병행한다. 디곡신 중독에 비하여 임상증상이 경미하더라도 초기부터 해독제인 Digoxin immune Fab를 과량 투여하는 것이 바람직하다.

결　과 : 다량을 섭취한 경우에는 사망할 수도 있다.

증상 / 징후	치료방법
해독제	Digoxin Fab (digoxin specific antibody) : 30분에 걸쳐 서서히 정주 성인은 10~20 vial 정주 (초기에는 소아도 동일한 용량)
활성탄	Multi-dose activated charcoal therapy

증례

[대한임상독성학회지 2009:7(1):19-22]

(제목) 우연한 협죽도 복용에 의한 디지털리스양(digitalis-like) 중독증상

(내용) 16세 남자가 협죽도를 분갈이 하던 중 꽃잎을 우연히 섭취한 후 구역질, 구토, 어지럼증 등이 발현하여 보존적 치료후 4일만에 퇴원하였다.

[인터넷]

미국에서는 보이스카웃 학생들이 협죽도 나무가지로 핫도그 막대를 만들어 사용하다가 죽었다고 하며, 그 외의 국가에서 협죽도의 독성으로 사망한 사례가 아주 많았다. 제주도에 수학여행 갔던 여학생이 나무젓가락이 없어 협죽도 가지를 꺾어 김밥을 먹다가 의식을 잃고 죽었다는 등 우리나라에서도 심심치 않게 발생했다고 한다.

[Indian J Exp Biol 2004;42(10):1003-6]

(제목) Toxicity of *Nerium indicum* Miller seed extract on bandicoot rat, Bandicota bengalensis Gray

(내용) 쥐에게 협죽도 추출물 12.5 ml/kg을 투여한 결과, 100%의 치사율이 관찰되었다.

✽ 산닥나무

일반명 : 강화산닥나무
학 명 : *Wikstroemia trichotoma* Makino
분 류 : 팥꽃나무과
분 포 : 산지
높 이 : 1 m 낙엽활엽 소교목
개 화 : 7~8월 (노란색)
열 매 : 9~10월
생약명 : 요가왕, 료가왕
기 타 : 소화기 증상이 주로 나타날 것으로 사료되고 해독제는 없으며, 증상에 따라서 보존적인 치료를 한다.

✽ 더위지기

더위를 막아주는 사철쑥이라고 하여 인진쑥이라고 부른다.

속 명 : 부덕쑥, 사철쑥, 산쑥, 생댕쑥, 애기바위쑥, 인진고, 흰더위지기, 흰사철쑥, (다북쑥, 비쑥, 애탕쑥, 야호, 인진쑥, 인진초)

일반명 : *Artemisia gmelini* Weber ex Stechm.

분 류 : 국화과

분 포 : 양지바른 풀밭

높 이 : 1 m 낙엽활엽 관목

개 화 : 7~9월 (노란색)

열 매 : 9~10월

생약명 : 인진호

독성분 : 줄기와 잎에는 coumarine 성분인 pinene, capillone, capillarisin, esculetin-6,7-dimethylether 등이 함유되어 있지만, 인체독성에 대한 정확한 자료는 없다.

발 병 : 쑥과는 달리 인진쑥은 매우 쓰고 매워서 나물로 먹지 않는다.

증 상 : 간기능 이상(황달, 간부전증 등)을 유발할 수 있다.

검 사 : 간기능검사

치 료 : 해독제는 없으며, 증상에 따라서 보존적인 치료를 한다.

증례

[대한임상독성학회지 2008:6(2):110-116]

(제목) 식물제제와 연관된 급성 독성 간염으로 인한 간이식

(내용) 식물제제의 섭취로 인하여 발생한 독성 간염으로 간이식을 받은 환자 12명 중 1명(37세/남자)은 인진쑥(더위지기)을 먹은 후에 간부전증이 발병하였다.

✽ 누리장나무

잎을 건드리면 누린내가 풍긴다고 하여 누리장나무라고 명명했다.

일반명 : 개똥나무, 개나무, 구린내나무, 구릿대나무, 노나무, 누기개나무, 누룬나무, 누르나무, 이라리나무, 깨타리, (향초)

학　명 : *Clerodendrum trichotomum* Thunb. ex Murray

분　류 : 마편초과

분　포 : 산기슭, 산골짜기

높　이 : 2 m 낙엽활엽 관목

개　화 : 8~9월 (엷은 붉은색)

열　매 : 10월 (짙은 파란빛)

생약명 : 취오동, (명목단수, 해동, 해주당산)

독성분 : 잎에는 acacetin, clerodendron A, trichotomine 등이 함유되어 있으나 인체독성에 대한 국내자료는 없는 실정이다.

발　병 : 연한 잎은 식용이 가능하지만 뜨거운 물에 데친 후 2~3일간 흐르는 물에 우려내야만 유독성분이 빠진다.

기　타 : 소화기 증상이 주로 나타날 것으로 사료되고, 증상에 따라서 보존적 치료를 한다.

✽ 붉나무

가을이면 빨갛게 단풍이 들어서 붉나무라고 명명하게 되었다. 또한, 나무열매에서는 소금을 얻을 수 있으므로 염부목이라고도 한다.

일반명 : 오배자나무, 굴나무, 불나무, 뿔나무, (염부목)
학　명 : *Rhus javanica* L.
분　류 : 옻나무과
분　포 : 산지
높　이 : 3 m 낙엽활엽 소교목
개　화 : 8~9월 (황백색)
열　매 : 9~10월 (붉은색, 자황색)
생약명 : 염부수백피, 염부엽, 염부자, 염부자근
발　병 : 봄에 어린 잎과 줄기껍질을 식용하기도 한다.
기　타 : 접촉에 의한 경미한 접촉성 피부질환이나 섭취에 의한 소화기 증상이 주로 나타날 것으로 사료되고, 증상에 따라서 보존적인 치료를 한다.

✽ 팔손이

일반명 : 팔손이나무, 팔각금반
학 명 : *Fatsia japonica* Decne. & Planch.
분 류 : 두릅나무과
분 포 : 바닷가 산기슭이나 골짜기 (남해안)
높 이 : 2~4 m 상록활엽 관목
개 화 : 10~11월 (흰색)
열 매 : 4~5월 (검정)
생약명 : 팔각금반
독성분 : 잎에는 사포톡신과 파트신이라는 사포닌이 함유되어 있다.
기 타 : 소화기 증상이 주로 나타날 것으로 사료되고, 증상에 따라서 보존적 치료를 한다.

❀ 차나무

일반명 : -

학　명 : *Camellia sinensis* L.

분　류 : 차나무과

분　포 : (재배용)

높　이 : 2~8 m 상록활엽 관목

개　화 : 10~11월 (흰색)

열　매 : 11월 (갈색)

생약명 : 다엽, 차엽

독성분 : 잎에는 caffeine, theophylline, xanthine 등의 purine계 염기가 있으며, 이외에도 catechin 성분(차의 tannin)이 함유되어 있다.

병　태 : 카페인은 대뇌중추, 특히 대뇌피질의 감각중추에 흥분작용을 나타낸다. 그러나, 녹차에는 커피에 없는 카테친과 데아닌이라는 성분이 함유되어 있는데, 떫은 맛의 카테킨 성분은 카페인과 결합하여 체내 흡수를 방해하고, 데아닌이라는 아미노산이 카페인의 활성을 억제하기 때문에 커피와 같은 부작용이 없다.

발　병 : 차잎을 날것으로 먹으면 복통 등의 증상이 나타날 수 있으므로, 반드시 가열한 후 먹어야 한다.

증　상 : 차에는 카페인의 함유량이 커피에 비하여 적지만, 많이 먹으면 신경계 증상(흥분, 초조 등)과 소화기 증상(구역질, 구토, 복통 등)이 나타날 수 있다.

치　료 : 해독제는 없으며, 증상에 따라서 보존적인 치료를 한다.

송악

일반명 : 담장나무, 큰잎담장나무, (소밥나무)

학 명 : *Hedera rhombea* Bean

분 류 : 두릅나무과

분 포 : 해안 또는 섬의 숲속

높 이 : 길이 10 m 덩굴식물

개 화 : 10~11월 (황록색)

열 매 : 4~5월 (검정색)

생약명 : 상춘등, 상춘동자

독성분 : 잎과 줄기에는 triterpenoid saponin인 hederagenin, hederin, kizutasaponin 등이 함유되어 있다.

V / S : 호흡곤란

증 상 : 잎이나 줄기를 먹었을 경우에는 소화기 증상이 나타나면서 흥분상태로 되며, 호흡이 곤란해지고 혼수상태에 빠지게 되는 경우도 있다.

치 료 : 해독제는 없으며, 경구로 섭취한 경우에는 초기에 독성제거술(위세척, 활성탄)을 시행하면서 증상에 따라서 보존적인 치료를 한다.

✽ 아이비

아이비는 영문명인 'Ivy'를 그대로 발음한 것이다.

일반명 : 서양송악, 미국담쟁이

학 명 : *Hedera helix*

분 류 : 두릅나무과

분 포 : 관상용

높 이 : 길이 1~30 m 덩굴식물

개 화 : (노란색)

열 매 : -

생약명 : -

기 타 : 독성분, 중독증상, 치료법 등은 송악과 거의 유사하다(page 302 참조).

부록

1. 독초 리스트

과 명	식물이름	학 명	인용문헌번호
가래나무과	굴피나무	Platycarya strobilacea	1
	중국굴피나무	Pterocarya stenoptera	1
	왕가래나무	Juglans m. var. sieboldiana	5
가지과	가마중	Solanum nigrum	1,5
	배풍등	Solanum lyratum	3,5
	꽈리	Physalis alkekengi var. franchetii	5,6,10
	담배	Nicotiana tabacum	1,3,4,6
	독말풀	Datura stramonium	2,3,4,10
	흰독말풀	Datura metel	4,5,6
	미치광이풀	Scopolia japonica	1,2,3,4,10
	사리풀	Hyoscyamus niger	1,3,4,5,6
	고추	Capsicum annuum	7
갈매나무과	갈매나무	Rhamnus davurica	1,3
	돌갈매나무	Rhamnus parvifolia	3
개비자나무과	개비자나무	Cephalotaxus koreana	1
고사리과	고사리	Pteridium aquilinum var. latiusculum	5,6
겨우사리과	겨우사리	Viscum album	12,13
국화과	담배풀	Carpesium abrotanoides	1
	여우오줌	Carpesium macrocephalum	1
	긴담배풀	Carpesium divaricatum	1
	다알리아	Dahlia pinnata	5
	털머위	Farfugium japonicum	1
	도꼬마리	Xanthium strumarium	1

과 명	식물이름	학 명	인용문헌번호
국화과	미역취	Solidago virgaurea	1
	큰미역취	Solidago virgaurea gigantea	1
	진득찰	Siegesbeckia glabrescens	1
	털진득찰	Siegesbeckia pubescens	1
	제주진득찰	Siegesbeckia orientalis	1
	등골나물	Eupatorium chinese v. simplicifolium	7
	황해쑥	Artemisia argyi	1
	물쑥	Artemisia selengensis	1
	사철쑥	Artemisia capillaris Thunb.	14
	목향	Inula helenium	7
	머위	Petasites japonicus	7
	톱풀	Achillea alpina	7
	서양톱풀	Achillea millefolium	7
	돼지풀	Ambrosia artemisiaefolia v. elatior	1
	쑥방망이	Senecio argunensis	1
	서양민들레	Taraxacum officinale	7
	치커리	Cichorium intybus	7
꿀풀과	속단	Phlomis umbrosa	1
	쉽싸리	Lycopus lucidus	7
	박하	Mentha arvensis var. piperascens	7
	곽향	Teucrium veronicoides	12, 13
	황금	Scutellaria baicalensis	12, 13
꼭두선이과	꼭두서니	Rubia argyi	13
난초과	치마난초	Cypripedium japonicum	1
	개불알꽃	Cypripedium macrnathum	1
	으름난초	Galeola septentrionalis	5
남가새과	남가새	Tribulus terrestris	1
노루발과	구상난풀	Monotropa hypopithys	5
	수정란풀	Monotropa uniflora	5
	나도수정초	Monstropastrum humile	?
노린재나무과	노린재나무	Symplocos chinensis v. leucocarpa f. pilosa	1
	검노린재나무	Symplocos tanakana	1
	섬노린재나무	Symplocos coreana	1
노박덩굴과	메역순나무	Tripterygium regelii	1,4
	참빗살나무	Euonymus sieboldiana	1,3
녹나무과	사사프라스	Sassafras albidum	9
	녹나무	Cinnamomum camphora	7
능소화과	능소화	Campsis grandiflora	3
다래나무과	개다래나무	Actinidia polygama	1
대극과	개감수	Euphorbia sieboldiana	3
	두메대극	Euphorbia fauriei(2)	1, 10
	흰대극	Euphorbia esula	1, 3
	등대풀	Euphorbia helioscopia	1, 3, 4, 5, 6, 10
	암대극	Euphorbia jolkini	1
	대극	Euphorbia pekinensis	1, 3, 10
	풍도대극	Euphorbia ebracteolata	1, 4
	노랑대극	Euphorbia lunulata v. obtusifolia	1

과 명	식물이름	학 명	인용문헌번호
대극과	애기땅빈대	Euphorbia supina	6
	속수	Euphorbia lathyris	1, 4
	광대싸리	Securinega suffruticosa	1, 3, 4
	피마자	Ricinus communis	1, 3, 5, 6
	굴거리나무	Daphniphyllum macropodum	1, 5, 6
	산쪽풀	Mercurialis leiocarpa	5
	유동	Aleurites fordii	1
	조구나무	Sapium sebiferum	1
돌나물과	바위솔	Orostachys japonicus	1
두릅나무과	송악	Hedera rhombea	3
	팔손이나무	Fatsia japonica	5, 6
	가시오갈피나무	Acanthopanax senticosus	14
때죽나무과	때죽나무	Styrax japonica	1, 3, 5, 6
마디풀과	개대황	Rumex longifolius	1
	호대황	Rumex gmelini	1
	참소리쟁이	Rumex japonicus	1
	소리쟁이	Rumex crispus	1
	묵밭소리장이	Rumex conglomeratus	1
	대황	Rheum undulatum	1
	하수오	Pleuropterus multilorus	1
마타리과	쥐오줌풀	Valeriana fauriei	7, 12
마편초과	누리장나무	Clerodendron trichotomum	1, 3
	마편초	Verbena officinalis	5
마황과	초마황	Ephedra sinica	4, 12, 13
매자나무과	남천	Nandina domestica	5, 6
멀구슬나무과	멀구슬나무	Melia azedarch	1
메꽃과	갯메꽃	Calystegia soldanella	10
	나팔꽃	Pharbitis nil	1, 3, 5, 6
면마과	쇠고비	Cyrtomium fortunei	1
	참쇠고비	Cyrtomium caryotideum var. koreanum	1
	관중	Dryopteris crassirhizoma	1, 4
명아주과	명아주	Chenopodium album var. centrotubrum	1, 5
	쥐명아주	Chenopodium glaucum	1
물레나물과	고추나물	Hypericum erectum	6
미나리아재비과	개구리자리	Ranunculus sceleratus	1, 5, 10
	미나리아재비	Ranunculus japonicus	1, 2, 4, 10
	왜젓가락풀	Ranunculus quelpaertensis	1, 5
	개구리미나리	Ranunculus tachiroei	1
	개구리갓	Ranunculus ternatus	1
	털개구리미나리	Ranunculus cantoniensis	1
	젓가락풀	Ranunculus chinensis	1
	매발톱꽃	Aquilegia buergeriana var. oxysepala	1, 4, 10
	산매발톱꽃	Aquilegia flabellata var. pumila	10
	할미꽃	Pulsatilla koreana	5, 10
	가는할미꽃	Pulsatilla cernua	6
	개구리발톱	Semiaquilegia adoxoides	1
	투구꽃	Aconitum jaluense	1, 2, 3, 4, 10

과 명	식물이름	학 명	인용문헌번호
미나리아재비과	흰진범	Aconitum longecassidatum	1, 2, 10
	진범	Aconitum pseudo-laeve	1, 3, 4, 5, 10
	놋젓가락나물	Aconitum cillare	1
	백부자	Aconitum koreanum	1, 3, 4
	각씨투구꽃	Aconitum monanthum	1
	가는돌쩌기	Aconitum villosum	1
	이삭바꽃	Aconitum kusnezoffii	1, 4, 7
	노랑투구꽃	Aconitum sibiricum	4
	선투구꽃	Aconitum paisanense	1
	가는줄돌쩌귀	Aconitum volubile	1
	오두(부자)	Aconitum carmichaelli	2, 4, 7
	개승마	Cimicifuga acerina	1
	동의나물	Caltha palustris var. membranacea	3, 10
	모데미풀	Megaleranthis saniculifolia Ohwi	10
	꿩의다리	Thalictrum aquilegifolium v. sibiricum	10
	좀꿩의다리	Thalictrum kemense v. hypoleucum	5
	금매화	Trollius hondoensis	?
	복수초	Adonis amurensis	1, 4, 5, 6, 10
	큰제비고깔	Delphinium maackianum	1, 4
	참제비고깔	Delphinium ornatum	5
	꿩의바람꽃	Anemone raddeana	1, 10
	대상화	Anemone hupehensis var. japonica	5, 6
	홀아비바람꽃	Anemone koraiensis	10
	회리바람꽃	Anemone reflexa	10
	개버무리	Clematis serratifolia	5
	참으아리	Clematis terniflora	10
	사위질빵	Clematis apiifolia	1
박주가리과	박주가리	Metaplexis japonica	3
	왜박주가리	Tylophora floribunda	1
박쥐나무과	박쥐나무	Alangium platanifolium v. trilobum	1
방기과	댕댕이덩굴	Cocculus trilobus	4, 5, 6
	함박이	Stephania japonica	4
	방기	Sinomenium acutum	4
	새모래덩굴	Menispermum dauricum	1
백합과	만년청	Rohdea japonica	5, 6
	박새	Veratrum oxysepalum	1, 2, 4, 10
	여로	Veratrum var. japonicum	1, 2, 4, 5
	파란여로	Veratrum var. parviflorum	1, 10
	흰여로	Veratrum versicolor f. albidum	1, 4, 10
	참여로	Veratrum nigrum var. ussuriense	1
	연영초	Trillium camschatcense	10
	큰연영초	Trillium tschonoskii	10
	삿갓나물	Paris verticillata	1, 10
	은방울꽃	Convallaria keiskei	1, 2, 5, 6, 10
	투울립	Tulipa gesneriana	5, 6
	산자고	Tulipa edulis	1, 10
	히아신스	Hyacinthus orientalis	6
	원추리	Hemerocallis fulva	11

과 명	식물이름	학 명	인용문헌번호
백합과	윤판나물	Disporum uniflorum Baker	10
	애기나리	Disporum smilacinum A.Gray	10
범의귀과	수국	Hydrangea macrophylla v. macrophylla	1
	산수국	Hydrangea macrophylla v. acuminata	1
벼과	갈풀	Phalaris arundinacea	6
	독보리	Lolium temulentum	8
봉선화과	봉선화	Impatiens balsamina	1, 3
	물봉선	Impatiens textori	3, 5
분꽃과	분꽃	Mirabilis jalapa	5, 6
붓꽃과	범부채	Belamcanda chinensis	1
	붓꽃	Iris sanguinea	1
	사프란	Crocus sativus	7
붓순나무과	붓순나무	Illicium anisatum	1, 3, 5, 6
삼과(뽕나무과)	삼	Cannabis sativa	1, 4, 5, 6
산형과	지리강활	Angelica purpuraefolia	1, 2
	나도독미나리	Conium maculatum	?
	기름당귀	Ligusticum hultenii	?
	개발나물	Sium suave	3
	독미나리	Cicuta virosa	1, 2, 3, 4, 5, 6
	고수	Coriandrum sativum	7
	회향	Foeniculum vulgare	7
	당근	Daucus carota	7
석류과	석류나무	Punica granatum	1, 6
석송과	뱀톱	Lycopodium serratum	1
소철과	소철	Cycas revoluta	1,5,6
소태나무과	소태나무	Picrasma quassioides	1
속새과	속새	Equisetum hyemale	1
수선화과	백양꽃	Lycoris koreana	5,10
	석산	Lycoris radiata	1, 5, 6, 10
	상사화	Lycoris squamigera	10
	수선화	Narcissus tazetta var. chinensis	1, 5, 6
	흰꽃나도사프란	Zephyranthes candida	1, 5, 6
	문주란	Crinum asiaticum v. japonicum	1
숫잔대과	숫잔대	Lobelia sessilifolia	1, 3, 5
시계꽃과	시계꽃	Passiflora coerulea	6
십자화과	냉이	Capsella bursa-pastoris	7
	겨자무	Armoracia lapathifolia	7
쐐기풀과	쐐기풀	Urtica thunbergiana	1, 6
	가는잎쐐기풀	Urtica·angustifolia	1
	애기쐐기풀	Urtica laetevirens	1
	혹쐐기풀	Laportea bulbifera	1
	개물통이	Parietaria micrantha	7
아욱과	목화	Gossypium arboreum v. indium	1, 4
양귀비과	애기똥풀	Chelidonium majus var. asiaticum	1, 2, 3, 5, 6, 10, 12, 13
	양귀비	Papaver somniferum	1, 3, 4, 5, 6
	개양귀비	Papaver rhoeas	3
	흰양귀비	Papaver amurense	4
	피나물	Hylomecon vernale	1, 3, 5, 6, 10

과 명	식물이름	학 명	인용문헌번호
양귀비과	매미꽃	Coreanomecon hylomeconoides	?
앵초과	시클라멘	Cyclamen persicum	5(?)
옻나무과	옻나무	Rhus verniciflua	1, 3, 4, 10
	검양옻나무	Rhus succedanea	5
	덩굴옻나무	Rhus ambigua	1, 4
	산검양옻나무	Rhus sylvestris	5, 10
	개옻나무	Rhus trichocarpa	1, 4, 10
	붉나무	Rhus chinensis	3, 4
용담과	용담	Gentiana scabra	?
운향과	머귀나무	Zanthoxylum ailanthoides	1
	백선	Dictamnus dasycarpus	11, 12, 13
	귤나무	Citrus unshiu	7
은행나무과	은행나무	Ginkgo biloba	1, 4, 5, 6
인동과	인동덩굴	Lonicera japonica	15
자리공과	자리공	Phytolacca esculenta	1, 4,1 0
	미국자리공	Phytolacca americana	1, 2, 10
	섬자리공	Phytolacca insularis	1
장미과	매실나무	Prunus mume	3
	복사나무	Prunus persica	3
	살구나무	Prunus armeniaca var. ansu	3
	귀룽나무	Prunus p. v. seoulensis	3
	찔레나무	Rosa multiflora	3
	뱀딸기	Duchesnea chrysantha	1
조름나물과	조름나물	Menyanthes trifoliana	7
주목과	주목	Taxus cuspidata	5, 6
쥐방울과등	칡	Aristolochia manshuriensis	1, 4
	쥐방울	Aristolochia contorta	1, 2, 4, 5, 6, 13
	족도리풀	Asarum sieboldii	1, 10, 13
	개족도리풀	Asarum maculatum	1, 10
지치과	컴프리	Symphytum officinale	2, 4
	꽃받이	Bothriospermum tenellum	1
진달래과	월귤	Vaccinium vitis-idaea	1
	백산차	Ledum palustre var. diversipilosum	3
	가는잎백산차	Ledum palustre var. decumbens	3
	만병초	Rhododendron brachycarpum	1, 3
	노랑만병초	Rhododendron aureum	3
	철쭉나무	Rhododendron schlippenbachii	10
차나무과	차나무	Thea sinensis	1
천남성과	반하	Pinellia ternata	1, 2, 4, 5, 10
	대반하	Pinellia tripartita	10
	토란	Colocasia esculenta	1
	앉은부채	Symplocarpus renifolius	1, 5, 10
	애기앉은부채	Symplocarpus nipoonicus	10
	둥근잎천남성	Arisaema amurense	1
	천남성	Arisaema a. f. serratum	1, 2, 4, 10
	두루미천남성	Arisaema heterophyllum	1, 2, 4, 10
	무늬천남성	Arisaema thunbergii	1, 4

과 명	식물이름	학 명	인용문헌번호
천남성과	큰천남성	Arisaema ringens	1, 2, 4, 10
	점백이천남성	Arisaema peninsulae	1, 2, 4
	창포	Acorus calamus v. angustatus	7
초롱꽃과	도라지	Platycodon grandiflorum	5, 6
칠엽수과	칠엽수	Aesculus turbinata	5
콩과	고삼	Sophora flavescens	1, 2, 3, 4, 5, 6
	실거리나무	Caesalpinia decapetala v. japonica	1, 3
	스위트피	Lathyrus odoratus	6
	해녀콩	Canavalia lineata	?
	주엽나무	Gleditsia japonica v. koraiensis	1
	조각자나무	Gleditsia sinensis	1
	미모사	Mimosa pudica	1
	등나무	Wisteria floribunda	1
	활나물	Crotalaria sessiliflora	1
	양골담초	Cytisus scoparius	7
	전동싸리	Melilotus suaveolens	?
	자주개자리	Medicago sativa	7
택사과	질경이택사	Alisma plantago-aquatica var. orientale	?
파리풀과	파리풀	Phryma leptostachya var. asiatica	3,10
팥꽃나무과	두메닥나무	Daphne pseudo-mezereum v. koreana	3
	팥꽃나무	Daphne genkwa	1, 3, 4
	서향나무	Daphne odora	1
	피뿌리꽃	Stellera chamaejasme	13
	삼지닥나무	Edgeworthia chrysantha	5
	산닥나무	Wikstroemia trichotoma	1
현삼과	디기탈리스	Digitalis purpurea	1, 2, 4, 5, 6
	성주풀	Centranthera cochinchinensis v. lutea	6
	냉초	Veronicatrum sibiricum	1
	삼	Scrophularia buergeriana	7
현호색과	괴불주머니	Corydalis pallida	3, 4
	왜현호색	Corydalis ambigua	4
	들현호색	Corydalis ternata	4
	현호색	Corydalis turtschaninovi	4, 10
	애기현호색	Corydalis turtschaninovii f. fumariaefolia	4
	댓잎현호색	Corydalis turtschaninovii f. linearis	4
	빗살현호색	Corydalis turtschaninovii f. pectinata	4
	자주괴불주머니	Corydalis incisa	1, 4
	눈괴불주머니	Corydalis ochotensis	1
	염주괴불주머니	Corydalis heterocarpa	1, 4, 10
	갯괴불주머니	Corydalis heterocarpa var. japonica	6
	산괴불주머니	Corydalis speciosa	1, 10
	금낭화	Lemprocapnos spectabili	3, 6
협죽도과	마삭줄	Trachelospermum asiaticum var. intermedium	5 ,6
	협죽도	Nerium indicum	1, 2, 4, 5, 6
	정향풀	Amsonia elliptica	5
	일일초	Vinca rosea	7
홀아비꽃대과	홀아비꽃대	Chloranthus japonicus	1
	쌍꽃대	Chloranthus serratus	1

인용서적 및 문헌

1) 배기환, 박완희, 정경수, 안병태, 이준성. 한국의 독버섯.독식물. 교학사. 1997

2) 강신정, 배기환, 심영훈 외. 알기 쉬운 독초와 독버섯. 식품의약품안전청/농촌진흥청. 2007

3) 도봉섭, 심학진. 조선식물도설 유독식물편. 금룡도서주식회사. 1947

4) 배기환. 생약(한약)안전관리연구 '알기쉬운 독초.독버섯' 자료연구 연구결과보고서. 식품의약품안전청. 2006

5) 中井將善. 氣つけよう! 毒草100種. 金園社. 2002

6) 독초대백과(일본)

7) 조응자, 한덕룡. 세계의 약용식물. 도서출판 신일북스. 2007

8) 동아원색 세계대백과사전

9) 송형익, 채기수, 김영만, 손규목, 이웅수. 현대식품위생학. 지구문화사. 2000

10) 이영득. 주머니속 나물도감. 도서출판 황소걸음. 2009

11) 장종순 외. 백선 복용 후 발생한 독성 간손상 4예. 대한간학회지 2008:14(2):

12) 안병민. 식물 제제에 의한 간 손상. 대한소화기학회지 2004:44:113-125

13) 장인수 외. 최근 독성 문제가 제기된 한약재에 대한 고찰. 대한한의학회지 2007;28(1):01-10

14) 손창환 외. 식물 제제와 연관된 급성 독성 간염으로 인한 간이식. 대한임상독성학회지 2008:6(2):110-116

2. 한영식물명

갈매나무	Davurian Buckthorn
개감수	Siebold Euphorbia
개발나물	Water Parsnip
개버무리	Hermitgold Clematis
개양귀비	Corn Poppy, Field Poppy, Flanders Poppy
갯메꽃	Sea Bindweed
고사리	Brake, Pasture Brake, Hogpasture, Bracken
고삼	Lightyellow Sophora
고추나물	Erect St. Johnswort
광대싸리	Suffrutescent Securi-nega
귀룽나무	Bird Cherry, European Bird Cherry, Hagberry
금낭화	Bleeding Heart, Showy Dicentra
까마중	Common Nightshade, Black Nightshade, Poisonberry
꽈리	Bladder cherry, ground cherry Physalis francheti
꿩의다리	Meadowrue Thalictrum
꿩의바람꽃	Radde Anemone

나팔꽃	Lobedleaf Pharbitis
노랑물봉선	Touch-me-not
누리장나무	Harlequin Glory-bower
능소화	Chinese Trumpet Creeper, Chinese Trumpet Flower
담배	Tobacco
대극	Peking Euphorbia
대나물	Oldham Gypsophila
댕댕이덩굴	Japanese Snailseed
더위지기	Gmelin Wormwood
독말풀	Iimsonweed Datura stramonium
독미나리	European Waterhemlock
두루미천남성	Diversileaf Jackinthepulpit
등대풀	Sun Euphorbia
등칡	Manchurian Dutch-manspipe
디기탈리스	Common Foxglove
땅꽈리	Ground Cherry
때죽나무	Japanese snowbell Styrax japonica
만병초	Fujiyama Rhododendron
매실나무	Japanese Apricot, Japanese Flowering Apricot
물레나물	Giant St. Johnswort
물봉선	Jewelweed Impatiens textori
미국자리공	Poke, Virginian Poke, Scoke, Pocan, Garget, Pigeo
미나리개구리	Longbeak Buttercup
미나리아재비	Japanese Buttercup
박주가리	Japanese Metaplexis
반하	Araceao Pinellia ternata
배풍등	Bittersweet
범부채	Blackberry Lily, Leopard Flower
복사나무	Peach
복수초	Amur adonis Adonis amurensis
봉선화	Garden Balsam, Rose Balsam, annual balsam
붓순나무	Chinese Anise, Japanese Anise Tree
사리풀	Henbane, Black Henbane, Stinking Nightshade
사위질빵	Aoiifolia Virgin`s bower
사철쑥	Capillary Wormwood
산괴불주머니	Beautiful Corydalis
살구나무	Apricot

삿갓나물	Verticillate Paris
상사화	Magic Lily, Resurrection Lily
새모래덩굴	Asiatic Moonseed
석산	Spider Lily, Red Spider Lily
소리쟁이	Curled Dock
속새	Common Scouring Rush, Common Hyemale
송악	Japanese Ivy
쇠뜨기	Horsetail, field horsetail Equisetum arvense
수국	Chinese Sweetleaf
수선화	Chinese Sacred Lily
숫잔대	Sessile Lobelia
쑥	Mugwort, sagebrush, worm wood Artemisia vulgaris
앉은 부채	Skunk Cabbage, Polecat Weed
애기똥풀	Greater celandine Chelidonium majus
양귀비	Opium Poppy
옻나무	Varnish Tree, Lacquer Tree, Japanese Laquer Tree
원추리	Orange Daylily, Tawny Datlily, Fulvous Daylily
은방울꽃	Lily of the valley Convallaria majoalis
은행나무	Maidenhair Tree
자리공	Indian Poke
점박이천남성	Korean Jackinthepulpit
젓가락나물	Chinese Buttercup
족도리풀	Siebold Wildginger
주목	Japanese Yew
쥐방울덩굴	Northern Dutchmanspipe
질경이택사	Oriental Waterplantain
찔레꽃	Baby Rose
참빗살나무	Spindle Tree
참으아리	Threeflower Clematis
천남성	Serrate Amur Jackinthepulpit
철쭉	Royal Azalea
컴프리	Common Comfrey, Healing Herb, Boneset
큰연영초	Tschonosk Trillium
큰천남성	Puto Jackinthepulpit
털갈매나무	Korean Buckthorn
털머위	Japanese Farfugium
팥꽃나무	Daphno Dophne odora

피마자	Castor Bean, Castor-oil-plant, Palma Christ, Wond
피뿌리풀	Chinese Stellera
할미꽃	Pasqueflower Pulsatilla
협죽도	Common Oleander, Rosebay
흰대극	Leafy Spurge, Wolf's-milk
흰독말풀	Common Thorn Apple, Stramonium Thorn Apple, Jimso

3. 한일식물명

가지복수초	エタウチフクシユソウ
갈매나무	チョウセンクロツバラ
개감수	ナツドウタイ
개구리미나리	オトコゼリ
개발나물	トウヌマゼリ
개버무리	オオワクノテ
개양귀비	ヒナゲシ
개족도리풀	アツバカンアオイ
갯메꽃	ハマヒルガオ
고사리	ワラビ
고삼	クララ
고추나물	オトギリソウ
광대싸리	ヒトツバハギ
괴불주머니	ミヤマキケマン
귀룽나무	エゾノウワミズザクラ
금낭화	けまんそう
금매화	キンハイソウ
까마중	いぬほうす　き
꽈리	ほおす　き
꿩의다리	カラマツソウ
꿩의바람꽃	アズマイチゲ
나팔꽃	アサガオ
낭독	ケヒロハダイゲキ
냉초	エゾクガイソウ
노랑만병초	キバナシャクナゲ
노랑물봉선	キツリフネソウ
노루귀	スハマソウ
누리장나무	クサギ
눈괴불주머니	ツルキケマン
능소화	ノ-ゼンカズラ
담배	たばこ
대극	タカトウダイ
대나물	コゴメナデシコ
대반하	オハンゲ
대황	カラダイオウ
댕댕이덩굴	アオツヅラフジ
더위지기	イワヨモギ
도루박이	コシミノナズナ
독말풀	ヨウシュチョウセンアサカオ
독미나리	ドクゼリ
동의나물	ミヤマリュウキンカ
두루미천남성	マイズルテンナンショウ
두메닥나무	チョウセンオニシバリ
등대풀	トウダイクサ
등칡	キタケウマノスズクサ
디기탈리스	ジキタリス
땅꽈리	センナリホオズキ
때죽나무	えこ　のき
만병초	シロバナシャクナゲ
매실나무	ウメ
먹넌출	オニクマヤナギ
모데미풀	モデミソウ

물레나물	トモエソウ
물봉선	ツリフネソウ
물솜방망이	カワラオグルマ
미국자리공	アメリカヤマゴボウ
미나리아재비	キンボウゲ
미치광이풀	チョウセンハシリドコロ
박새	カラバイケイソウ
박주가리	カガイモ
반하	からすぴしゃく
배풍등	ヒヨドリジョウゴ
백부자	キバナトリカブト
백산차	イソツツジ
범부채	ヒオウギ
복사나무	モモ
복수초	ふくし　ゅそう
봉선화	ホウセンカ
붉나무	ヌルデ
붓순나무	シキミ
사리풀	ヒヨス
사위질빵	ボタンズル
사철쑥	カワラヨモギ
산괴불주머니	エゾキケマン
산꿩의다리	ミヤマカラマツ
살구나무	アンズ
삿갓나물	クルマバックバネソウ
상사화	ナツスイセン
새모래덩굴	コウモリカズラ
석산	ヒガンバナ
소리쟁이	ナガバギシギシ
속새	ドクサ
솜방망이	サワオグルマ
송악	キズタ
쇠뜨기	スギナ
수국	アジサイ(생물정보)
수선화	スイセン
숫잔대	サワギキョウ
실거리나무	ジャケツイバラ
쑥	ヨモギ
앉은부채	ザゼンソウ
애기똥풀	クサノオウ
양귀비	ケシ
여로	シュロソウ
연영초	オオバナエンレイソウ
옻나무	ウルシ
요강나물	タチハンショウズル
원추리	ホンカンゾウ
으아리	オオコウライセンニンソウ
은방울꽃	スズラン
은행나무	イチョウノキ
자리공	ヤマゴボウ
점박이천남성	チョウセンマムシグサ
젓가락나물	コキツネノボタン
족도리풀	ウスバサイシン
좁은백산차	ホソバイソツツジ
종덩굴	キンチャクズル
주목	イチイ
쥐방울덩굴	ウマノスズクサ
지리강활	チイイサンノダケ
진범	れいし　そう
질경이택사	サシセオモダカ
찔레꽃	ノイバラ
참빗살나무	マユミ
참으아리	センニンソウ
천남성	テンナンショウ
철쭉	クロフネツツジ
컴프리	ヒレハリソウ
큰꽃으아리	カザクルマ
큰연영초	ミヤマエンレイソウ
큰천남성	ムサシアブミ
털갈매나무	マルバクロウメモドキ
털머위	ツワブキ
투구꽃	コウライブシ
파리풀	ハエドクソウ
팥꽃나무	チョウジザクラ

피나물	ヤマブキソウ	협죽도	キョウチクトウ
피마자	トウゴマ	홀아비바람꽃	ヒメイチリンソウ
피뿌리풀	イモガンピ	흰독말풀	ヨウシュチョウセンアサガオ
하수오	ツルドクダミ		
할미꽃	チョウセンオキナグサ		
현호색	エンゴサク		

4. 참고문헌

1. 강신정, 배기환, 심영훈 외. 알기 쉬운 독초와 독버섯. 식품의약품안전청/농촌진흥청. 2007
2. 김태정. 쉽게 찾는 우리 꽃. 현암사. 2009
3. 김태정. 쉽게 찾는 우리 약초. 현암사. 2007
4. 김태정. 쉽게 찾는 우리 나물. 현암사. 2008
5. 도봉섭, 심학진. 조선식물도설 유독식물편. 금룡도서주식회사. 1947
6. 배기환, 박완희, 정경수, 안병태, 이준성. 한국의 독버섯.독식물. 교학사. 1997
7. 배기환. '알기쉬운 독초.독버섯' 자료연구 연구결과보고서. 식품의약품안전청. 2006
8. 솔뫼. 산속에서 만나는 몸에 좋은 식물 148. 동학사. 2008
9. 송기엽, 윤주복. 야생화 쉽게 찾기. 진선출판사. 2006
10. 송형익, 채기수, 김영만, 손규목, 이웅수. 현대식품위생학. 지구문화사. 2000
11. 식품의약품안전청, 농촌진흥청. 알기 쉬운 독초 독버섯. (주)이문기업. 2008
12. 신전휘, 신용욱. 우리 약초 바르게 알기. 계명대학교출판부. 2007
13. 이영득. 주머니속 나물도감. 도서출판 황소걸음. 2009
14. 이재명. 느긋하게 친해져도 괜찮아. (주)환크리에이티브컴퍼니. 2009
15. 조웅자, 한덕룡. 세계의 약용식물. 도서출판 신일북스. 2007
16. 최양수. 약이 되는 산야초 300. 하남출판사. 2008
17. 한국 약용식물학 연구회. 약용식물학. 학창사. 2009
18. 현진오. 봄에 피는 우리꽃 386. 신구문화사. 2008
19. 현진오. 여름에 피는 우리꽃 386. 신구문화사. 2008
20. 中井將善. 氣つけよう! 毒草100種. 金園社. 2002
21. Dart RC. Medical toxicology. 3rd ed, Lippncott Williams & Wilkins. 2003
22. Goldfrank LR. Toxicology emergencies. 7th ed, McGraw-Hill, 1998
23. Marx JA, Hockberger RS, Walls RM. Rosen's emergency medicine. 5th ed, Mosby. 2007
24. Tintinalli JE. Emergency medicine. 6th ed, ACEP, 2004
25. 국가생물종지식정보시스템. http://www.nature.go.kr/
26. 강보승. 국내 20여년간 중증 중독학 연구 관련 독성물질의 고찰. 대한응급의학회지 2007:8(1):32-40
27. 김대근 외. 진범의 식물화학적 성분. 생약학회지 1996:27(1):75-79

28. 김상철 외. 밀주를 마신 후 발생한 집단 초오중독. 대한응급의학회지 2008:19(3):339-345
29. 김성환 외. 백선 복용 후 발생한 급성 간염 1예. 대한내과학회지 2009:76(4):476-480
30. 김아진 외. 진달래꽃에 의한 grayanotoxin 중독 3례. 대한응급의학회지 2000:11(3):372-377
31. 김양원 외. 미국자리공 중독으로 의식변화 및 복통 증사을 호소한 2례. 대한임상독성학회지 2008:6(2):146-148
32. 김종원 외. 물봉선의 성분에 관한 연구(II). 생약학회지 1995:26(1):8-12
33. 김주섭 외. 할미꽃에 의해 발생한 자극피부염 1예. 대한피부과학회지 1997:35(2):339-343
34. 김호권 외. 진달래꽃과 관련된 중독 2례. 대한임상독성학회지 2005:3(1):52-55
35. 도재철 외. 쉽싸리 전초의 성분 연구(II). 생약학회지 1991:22(3):162-165
36. 류진호 외. 흰꽃독말풀 섭취 후 발생한 항콜린성 중독 2례. 대한응급의학회지 1998:9(2): 336-340
37. 문정미 외. 초오 중독 환자에서 심혈관계의 변화에 대한 고찰. 대한응급의학회지 2002:13(1):55-60
38. 박동우 외. 앉은부채 뿌리의 성분. 생약학회지 1997:28(3):143-148
39. 박석돈 외. 생약제 부작용; 피부과계 부작용을 보이는 생약제. 대한의사협회지 2005:48(4):302-408
40. 박성배 외. 호산구성 위장염 1예 보고. 대한소화기병학회지 1984:16(1):273-276
41. 박지하 외. 반하의 독성에 관한 문헌적 고찰. 동서의학 2000:25(3):47-56
42. 박지하 외. 백부자의 독성에 관한 문헌적 고찰. 동서의학 2001:26(3):41-49
43. 박찬우 외. 동의나물 섭취 후 발생한 서맥을 동반한 쇼크 2례. 대한임상독성학회지 2004:2(1):41-44
44. 박해심 외. 한약제(산약과 반하)에 의한 직업성 알레르기 1예. 대한내과학회지 1994:46(6):843-848
45. 백상홍 외. 생약제 부작용; 심혈관계 부작용을 보이는 생약제. 대한의사협회지 2005:48(4)302-408
46. 백종태 외. 식물제제에 의한 간손상의 진단척도의 문제점. 대한간학회 학술대회초록집 2003:9(1):13
47. 서부일 외. 산자고의 독성에 관한 문헌적 고찰. 한약응용학회지 2003:3(1):73-82
48. 서부일 외. 속수자(천금자)의 독성에 관한 문헌적 고찰. 동서의학 2008:33(4):1-12
49. 서부일 외. 천남성의 독성에 관한 문헌적 고찰. 한약응용학회지 2008:8(1):77-91
50. 서부일 외. 연호색(현호색)의 독성에 관한 문헌적 고찰. 제한동의학학술원 논문집 2008:6(1):87-99
51. 서정철 외. 급성 독성 간염 48예의 임상경험. 대한간학회지 2006:12(1):74-81
52. 서화중 외. 한국산 고사리의 독성조사에 대한 연구. 한국영양식량학회지 1989:18(3):255-264
53. 선정우 외. 개구리미나리에 의한 원발성 자극피부염 1예. 대한피부과학회지 1999:37(10):1544-1548
54. 손창환 외. 식물제제와 연관된 급성 독성 간염으로 인한 간이식; 원인제제와 손상 유형에 대한 후향적 분석. 대한임상독성학회지 2008:6(2):110-116
55. 송예완 외. 우연한 협죽도 복용에 의한 디지털리스양 중독증상. 대한임상독성학회지 2008:7(1):19-22
56. 신상윤 외. 일가족에서 발생한 박새풀 중독의 5예. 대한내과학회지 2006:70(2):212-215
57. 신현진 외. 미나리아재비에 의한 자극 피부염 1예. 대한피부과학회지 2006:44(8):988-990
58. 안병민. 애기똥풀. 대한간학회지 2000:6(2):265-266
59. 안병민. 녹즙의 양면. 대한간학회지 2001:7(2):247-251
60. 안병민. 식물제제에 의한 간손상. 대한소화기학회지 2004:44(3):113-125
61. 안병민. 생약제 부작용; 생약재에 의한 간손상. 대한의사협회지 2005:48(4):302-408
62. 양기화. 생약제의 부작용; 생약재의 안전성 검토. 대한의사협회지 2005:48(4):302-408

63. 오제민 외. 인터페론 치료로 관해된 만성 B형 간염 환아에서 인진쑥에 의해 발생한 독성 간염 1예. 대한간학회 학술대회초록집 2002:8(2):112
64. 옥택근 외. 만병초에 의한 전신 중독 2례. 대한임상독성학회지 2006:4(2):143-146
65. 옥택근 외. 봄나물 섭취 후 이상 행동을 주요 증상으로 내원한 환자 1례. 대한임상독성학회지 2006:4(1):48-51
66. 옥택근 외. 야생식물 중독의 임상양상. 대한임상독성학회지 2005:3(2):79-85
67. 유제성 외. 흰꽃독말풀 열매 달인 물 복용 후 발생한 의식변화 환자 1례. 대한임상독성학회지 2006:4(1):52-54
68. 윤녕훈 외. 쐐기풀에 의한 접촉 두드러기의 발생 기전. 대한피부과학회지 2003:41(5):602-608
69. 유승도 외. 국내 자생식물의 화학성분 검색(I). 생약학회지 1989:23(3):149-153
70. 이병철 외. 독말풀 중독 2례. 대한신경과학회지 1987:5(2):293-298
71. 이재환 외. 굴피나무 수피의 플라보노이드 화합물. 생약학회지 1998:29(4):353-356
72. 이준희 외. 초오 중독 환자의 임상적 고찰. 대한응급의학회지 1995:6(1):154-161
73. 이학주 외. 굴피나무 수피의 flavonol glycosides. 한국임학회 2007:96(4):408-413
74. 이형민 외. 박새풀에 의한 집단 급성 중독. 대한임상독성학회지 2005:3(2):114-118
75. 임근미 외. 감수와 대극이 임신에 미치는 영향. 경희의학 1993:9(2):170-178
76. 임태형 외. Aconitine 중독에 동반된 일시적 사지마비 및 저칼슘증 1예. 대한내과학회지 1998:55(6):1093-1096
77. 장미숙 외. 옻나무 접촉 후에 발생한 다형 홍반양 발진 1예. 대한피부과학회지 1989:27(4):425-429
78. 장인수 외. 최근 독성 문제가 제기된 한약재에 대한 고찰. 대한한의학회지 2007:28(1):1-10
79. 장종순 외. 백선 복용 후 발생한 독성 간손상 4예. 대한간학회지 2008:14:206-212
80. 장춘희 외. 광대싸리잎의 acetylcholinesterase 활성 저해성분. 생약학회지 2003:34(1):14-17
81. 정대영 외. 인동 추출물의 성장호르몬 유발 효과. 생약학회지 2003:34(3):256-262
82. 정병철 외. 사위질빵(Clematis apiifolia A.P.DC.)에 의한 원발성 접촉피부염 2예. 대한피부과학회지 2002:40(2):143-146
83. 정병철 외. 사위질빵(Clematis apiifolia A.P.DC.)에 의한 원발성 접촉피부염 2예
84. 정지등 외. 다량의 은행 섭취후 발생한 전신 발작 1례. 제59차 대한소아과학회 추계학술대회 초록집 p363
85. 조수형 외. 다량의 은행을 복용한 후 발생한 청산 중독 의증 1례. 대한응급의학회지 2003:14(4):458-461
86. 조재철 외. 한약 하수오 복용후 발생한 급성 간염 1예. 대한내과학회지 1999:56(6):753-756
87. 지형준 외. 개발나물 열매의 coumarin 성분. 한국생약회지 1982:13(1):52
88. 진우제 외. 오인으로 인해 집단으로 발생한 자리공 중독. 대한임상독성학회지 2004:2(1):27-30
89. 최경규 외. 생약제의 부작용; 신경계 부작용을 보이는 약제. 대한의사협회지 2005:48(4):302-408
90. 최기훈 외. 미치광이풀 중독에 의해 발생한 조증. 대한임상독성학회지 2004:2(1):37-40
91. 최도일 외. 초오가 포함된 단방약에 의한 Aconitine 중독. 대한응급의학회지 2002:13(2):175-180
92. 최정민 외. 옻나무에 의한 부부 접촉 피부염. 대한피부과학회지 1998:36(3):469-472
93. 홍민기 외. 천남성 음독에 의한 구강과 인두의 충혈 및 부종 1례. 대한임상독성학회지 2003:1(1):40-42
94. 현석천 외. 초오 섭취 후 발생한 심실빈맥 1례. 대한응급의학회지 1997:8(3):434-440

5. 별첨 자료

수도권과 중부권에서 다양한 식물을 관찰할 수 있는 곳

저자들은 수도권에서 생활하고 있으며, 주로 주말을 이용하여 독초를 관찰하였으므로, 본 장에서는 수도권에서 가까운 장소를 안내하고자 한다. 숙박시설의 경우에는 호텔을 제외하였고, 자연 속에서 숙박할 수 있는 공공시설을 주로 나열하였다. 다만, 다음의 내용들은 저자의 주관적인 의견이고, 추천 항목은 독초에 대한 정보의 접근성을 기준으로 평가하였다.

[식물원/수목원]

국립수목원

주 소 : 경기도 포천시 소흘읍 수목원로 832번지
전 화 : 031-540-2000
URL : http://www.kna.go.kr/
요 금 : 성인 1천원, 소아 500원 (주차요금 3천원)
장 점 : 면적도 넓고 다양한 식물들이 있으며, 식물별로 정확한 정보를 제공하고 있다.
단 점 : 화요일에서 토요일까지만 관람이 가능하고 평일에만 주차가 가능하다.
기 타 : 반드시 사전에 예약해야만 입장할 수 있다.
추 천 : ★★★★★

꽃무지풀무지식물원

주 소 : 경기도 가평군 하면 대보리 153
전 화 : 031-585-4875
URL : http://www.mujimuji.co.kr/
요 금 : 성인 5천원, 소아 3천원 (주차비 무료)
장 점 : 규모는 약간 작으나 자연 그대로의 정취를 느낄 수 있다.
단 점 : 식물별 정확한 표기가 미흡하고, 진입로와 주차장이 좁다.
기 타 : 아침고요수목원과는 자동차로 15분 거리이다.
추 천 : ★★

들꽃수목원

주 소 : 경기도 양평군 양평읍 오빈리 365-5
전 화 : 031-772-1800
URL : http://www.nemunimo.co.kr/
요 금 : 성인 6천원, 소아 4천원 (주차비 무료)
장 점 : 드라이브와 한강상류의 경치를 즐길 수 있다.
단 점 : 인위적으로 조성한 식물원이고 자생종 식물이 적다.
기 타 : 양평으로 가는 국도 바로 옆에 위치하여 교통이 편리하다.
추 천 : ★★

물향기수목원

주 소 : 경기도 오산시 수청동 332-4
전 화 : 031-378-1261
URL : http://mulhyanggi.gg.go.kr
요 금 : 성인 천원, 소아 500원
장 점 : 수도권이고 다양한 식물들이 정확한 식물정보와 함께 식재되어 있다.
단 점 : 주말에는 주차하기 어려운 경우가 있다.
기 타 : 습지식물도 많이 있으며, 오산대역 바로 앞에 위치한다.
추 천 : ★★★★

서울대공원 식물원

주 소 : 경기도 과천시 광명길 42
전 화 : 02-500-78338
URL : http://grandpark.seoul.go.kr/
요 금 : 성인 4천원, 소아 1천원 (주차비 4천원)
장 점 : 서울대공원 내의 식물원과 동물원을 동시에 즐길 수 있다.
단 점 : 인위적으로 조성한 식물원이고 식물종류가 적다.
기 타 : 온실형 식물원에는 외래종이 많이 식재되어 있다.
추 천 : ★★

신구대학식물원

주 소 : 경기도 성남시 수정구 산적동 121
전 화 : 031-723-6677
URL : http://www.sbg.or.kr/
요 금 : 성인 5천원, 소아 3천원 (주차비 무료)
장 점 : 수도권이어서 가깝고 관람객이 적어서 한가로이 즐길 수 있다.
단 점 : 규모가 작고 식물종이 적으며 식물정보의 표기도 미흡하다.
기 타 : 청계산 입구까지 차량으로 5분 거리에 위치하고 있다.
추 천 : ★★

아침고요수목원

주 소 : 경기도 가평군 상면 행현리 산255
전 화 : 1544-6703
URL : http://www.morningcalm.co.kr/
요 금 : 성인 6천원, 소아 4천원 (주차비 무료)
장 점 : 넓은 면적에 많은 식물들이 식재되어 있고 계곡에서 쉴 수 있다.
단 점 : 주말에는 관람객이 너무 많아서 조용히 자연을 즐길 수 없다.
기 타 : 주말에는 입장료가 비싸다(성인 8천원, 소아 5천원).
추 천 : ★★★

율봄식물원

주 소 : 경기도 광주시 퇴촌면 도마리 102-3호

전 화 : 031-798-3119

URL : http://www.yulbom.co.kr/

요 금 : 성인 5천원, 소아 3,500원 (주차비 무료)

장 점 : 수도권에 위치하여 접근이 용이하다.

단 점 : 진입로와 주차장이 좁고, 식물종이 적으며, 날파리가 많다.

기 타 : 식물원 바로 옆에서 직접 야채나 과일을 따서 구입할 수 있다.

추 천 : ★★

한국자생식물원

주 소 : 강원도 평창군 대관령면 병내리 405-2

전 화 : 033-332-7069

URL : http://www.kbotanic.co.kr/

요 금 : 성인 5천원, 소아 2천원 (주차비 무료)

장 점 : 넓은 면적에 식물종류도 많고, 식물정보도 잘 표기되어 있다.

단 점 : 여름철 휴가기간에는 진입과 주차가 불편하다.

기 타 : 오대산 입구까지 차량으로 2~3분 거리에 위치하고 있다.

추 천 : ★★★★

한택식물원

주 소 : 경기도 용인시 처인구 백암면 옥산리 365

전 화 : 031-333-3558

URL : http://www.hantaek.co.kr/

요 금 : 성인 8,500원, 소아 5천원 (주차비 무료)

장 점 : 넓은 면적에 다양한 식물을 식재하고 있으며, 편의시설도 많다.

단 점 : 일부구역에서는 정확한 식물정보를 얻기 어렵다(표기 부재).

기 타 : 자연비료(거름)의 냄새가 강한 시기가 많다.

추 천 : ★★★★

해여림식물원

주 소 : 경기도 여주군 산북면 상품리 산 30-1

전 화 : 031-882-1700

URL : http://www.haeyeorim.co.kr/

요 금 : 성인 7천원, 소아 5천원 (주차비 무료)

장 점 : 비교적 넓은 면적에 벤치가 많아서 여유롭게 즐길 수 있다.

단 점 : 자생식물종이 적다.

기 타 : 현재까지는 관람객이 비교적 적다.

추 천 : ★★★

[휴양림 / 숙박시설]

가리왕산휴양림

주 소 : 강원도 정선군 정선읍 회동리 산 2-1번지

전 화 : 033-562-5833

URL : http://www.huyang.go.kr/

장 점 : 오래된 산과 계곡을 자연스럽게 접할 수 있다.

단 점 : 숙소가 노후 되었고 교통이 불편하며, 식물정보의 표식이 없다.

기 타 : 정선이나 태백시까지 자동차로 약 40~50분 정도 소요된다.

추 천 : ★★★

백운산휴양림

주 소 : 강원도 원주시 판부면 서곡리 산 166

전 화 : 033-766-1063

URL : http://www.huyang.go.kr/

장 점 : 실내가 비교적 깨끗하고 계곡이 바로 옆에 위치하고 있다.

단 점 : 식물을 관찰할 수 있는 시설이나 정보가 거의 없다.

기 타 : 인근에 치악산과 구룡사가 위치하고 있다.

추 천 : ★★★

삼봉휴양림

주 소 : 강원도 홍천군 내면 광원리

URL : 033-435-8536

URL : http://www.huyang.go.kr/

장 점 : 오대산 깊숙이 위치하고 있어서 오래된 자연을 즐길 수 있다.

단 점 : 숙박시설이 오래되어서 약간 지저분하고, 식물정보 표식이 없다.

기 타 : 국도를 이용하여 동해안(양양)으로 갈 수 있다.

추 천 : ★★★

숲체원

주 소 : 강원도 횡성군 둔내면 삽교리 산1-13

전 화 : 033-340-6300

URL : http://www.soop21.kr/

장 점 : 숙박시설이 깨끗하고, 숲체험로와 식물정보 제공 등이 훌륭하다.

단 점 : 내부에서 음식조리, TV 시청, 인터넷 등이 불가능하다.

기 타 : 인근에 청태산휴양림이 위치하고 있다.

추 천 : ★★★★

유명산휴양림

주 소 : 경기도 가평군 설악면 가일리
전 화 : 031-589-5487
URL : http://www.huyang.go.kr/
장 점 : 휴양림 내에 식물원을 잘 조성하여 많은 식물정보를 제공하고 있다.
단 점 : 숙소가 오래되었고, 계곡 주변으로 날파리가 많다.
기 타 : 인근에 중미산휴양림과 아침고요수목원 등이 있다.
추 천 : ★★★★

중미산휴양림

주 소 : 경기도 양평군 옥천면 신복리
전 화 : 031-771-7166
URL : http://www.huyang.go.kr/
장 점 : 숲체험 코스가 잘 정리되어 있으며, 식물종도 다양하다.
단 점 : 숙소가 오래되었고, 식물정보 표식이 적다.
기 타 : 인근에 유명산휴양림과 아침고요수목원 등이 있다.
추 천 : ★★★

청태산휴양림

주 소 : 강원도 횡성군 둔내면 삽교리
전 화 : 033-343-9707
URL : http://www.huyang.go.kr/
장 점 : 숲체험 도로가 잘 설치되어 있으며, 식물종도 풍부하다.
단 점 : 숙박시설이 오래되었고, 식물정보 표식이 거의 없다.
기 타 : 인근에 숲체원, 구룡사 등이 위치하고 있다.
추 천 : ★★★

축령산휴양림

주 소 : 경기도 남양주시 수동면 외방2리 산28번지
전 화 : 031-592-0681
URL : http://www.chukryong.net/
장 점 : 수도권에 위치하여 접근이 용이하다.
단 점 : 숙박시설이 노후하고, 별도의 숲체험로가 없으며 식물정보 표식도 없다.
기 타 : 등산로가 가파르므로 가족 단위의 식물체험은 어려운 실정이다.
추 천 : ★★

찾아보기

[한글]

ㄱ

ㄴ

ㄷ

ㄹ

ㅁ

ㅂ

ㅅ

ㅇ

ㅈ

ㅊ

ㅋ

ㅌ

ㅍ

ㅎ

[영 문]

A

B

C

D

E

F

G

H

I

K ~ L

M

N

O

P

Q ~ R

S

T

U ~ Z